〔美〕黛比·福特（Debbie Ford）著　何伟晨　译

好人为什么想做坏事 新版

重庆出版集团 重庆出版社

WHY GOOD PEOPLE DO BAD THINGS: How to Stop Being Your Own Worst Enemy by Debbie For
Copyright © 2008 by Debbie Ford
Simplified Chinese Translation copyright © 2010 by Grand China Publishing House
Published by arrangement with HarperCollins Publishers, USA through Bardon-Chinese Media Ag
All rights reserved.
No part of this publication may be used or reproduced in any manner whatever without written permis
except in the case of brief quotations embodied in critical articles or reviews.
版贸核渝字(2009)第 126 号

### 图书在版编目(CIP)数据

好人为什么想做坏事：新版 /(美) 黛比·福特著；何伟晨译.
— 重庆：重庆出版社，2013.12
ISBN 978-7-229-07267-4

Ⅰ.①好… Ⅱ.①福… ②何… Ⅲ.①心理状态-自我控制-通俗读物
Ⅳ.①B842.6

中国版本图书馆 CIP 数据核字(2013)第 294343 号

**好人为什么想做坏事：新版**
HAOREN WEISHENME XIANGZUO HUAISHI: XINBAN
[美]黛比·福特　著
　　　　何伟晨　译

---

出版人：罗小卫
策　划：中资海派·重庆出版集团图书发行有限公司
执行策划：黄　河　桂　林
责任编辑：王　梅　刘　喆
责任校对：夏则斌
版式设计：洪　菲
封面制作：重庆出版集团艺术设计有限公司·刘沂鑫

---

重庆出版集团
重庆出版社　出版

重庆长江二路 205 号　邮政编码：400016　http://www.cqph.com
重庆市圣立印刷有限公司印刷
重庆出版集团图书发行有限公司发行
E-MAIL:fxchu@cqph.com　邮购电话：023-68809452
全国新华书店经销

---

开本：880mm×1250mm　1/32　印张：6.5　字数：135 千
2013 年 12 月第 1 版　2013 年 12 月第 1 次印刷
ISBN 978-7-229-07267-4
定价：28.00 元

---

如有印装质量问题，请向本集团图书发行有限公司调换：023-68706683

本书中文简体字版通过 Grand China Publishing House（中资出版社）授权重庆出版社在中国大陆地区出版并独家发行。未经出版者书面许可，本书的任何部分不得以任何方式抄袭、节录或翻印。
版权所有　侵权必究

Debbie Ford

To all of my friends in China,

I'm thrilled that my book has reached halfway around the world and into your extraordinary country. My hope is that the stories, the techniques and the transformational journey contained in this book will support you in having more of what you want in your life. You deserve to reach your full potential and I hope this book serves as a guide on your path.

With love and blessings,
Debbie Ford

致中国友人：

    对于本书被引进伟大的中国，我感到非常荣幸。我衷心希望书中讲述的故事、分析技巧和内心转变过程能够使你有所收获。记住，你可以发挥自己的全部潜力。希望本书能够让你解开心结，拥抱未来。

    祝幸福美满！

黛比·福特

## 客 栈
(*The Guest House*)

——〔波斯〕鲁米(Rumi)
英文版本由科尔曼·巴克斯(Coleman Barks)翻译

人就像是一家客栈
每个清晨
都如一位新到的访客

欢乐、沮丧、忧愁
一瞬的觉悟来临
像一个意外的访客

欢迎每一位客人!
即使他们是一群愤怒之徒
来扫荡你的客房
将食物一扫而光
但你要款待每位宾客
他或许会为你打扫
并带来新的喜悦

如果来客是种种阴暗的思想、羞耻和怨恨
你也要在门口微笑相迎
邀请他们进来

无论谁来,我们都要心怀感激
因为每一位都是
由上天派来
指引你的向导

## 致亲爱的读者

好人为什么想做坏事？我们为什么会成为自己最大的敌人？这类问题时常困扰着我们的内心世界，影响我们作出重大决定，妨碍我们拥有幸福的人生。现在，让我们保持清醒的头脑，在本书的引领下发掘潜藏在心灵深处的力量，对内心世界的黑暗和光明来一趟探索之旅，你会领悟到心灵的这两面在生活中扮演着何等角色。这是一个充满挑战又别具趣味的命题，因为大多数人并不真正了解自己。日常生活中，我们总是依赖熟悉的环境去认识世界，无论自己的行为如何，我们都会对自己深信不疑，不顾一切为自己辩护。因此，我们需要跨出一大步，挣脱自身的束缚，看清我们内心究竟隐藏了什么问题，以致让我们不自觉地伤害自己和身边的人。

要想深入了解内心复杂的需求，探索内心的阴暗面，我们就要诚实地对待自己，最大限度地包容自己的缺陷。这不是自欺欺人，也不是要掩盖真相，而是要勇敢面对自己的破坏性行为，了解其产生的影响及自己为此所需付出的代价。只有这样，我们才不会成为自己最大的敌人。我们只有诚实地面对自己，了解自己内心的幻象是如何编织起来的，了解自己如何背离了真实的自我，才能够防止自我伤害行为发生。在本书中我把这个过程称为"虚假自我"的诞生。"虚假自我"是导致我们表现不佳、人际关系破裂、梦想幻灭，并使我们具备破坏性因子的罪魁祸首。

　　走出内心黑暗的世界，通向光明，释放内心伤痛的情绪，重获精神的自由，我共花了25年的时间走完这段旅程。在这期间我写了5本书，但我仍感到一些深层次的见解没有与读者分享。通过这本书，我会真诚地帮助你看清谎言和假象，了解自己的负罪感和羞耻心，以及明白你变成自己最大敌人的原因。我会为你分析是什么使你背叛自己，无视自己的初衷，甚至跨越道德的界限；你又是如何受到别人或其他思想观念的诱惑，迷失了自我，变成另外一个人，最终步入内心的黑暗世界。本书将帮助你防止这种内心的转变，抚慰你过往最遗憾的心绪，消除内心的惶恐，让你勇敢面对自己的心魔。本书会为你提供一个可信赖的方法，帮助你走出过往的阴影，重新拥有无限潜力的真我。

　　我能给予读者的最好礼物，就是将自己多年来作为心理辅导师、教育家和社会工作者的经验与各位分享。在努力克服了自己的阴暗面和破坏性倾向后，我才领略到什么是完美的人生，也体会到自己某些人生经历的荒谬之处。我了解大家遇到的痛苦，以及埋伏在痛苦里的危机，我也知道如何与过去作出妥协，平衡内心的冲突。我的信条就是："黑暗中自有光明的真理。"这项信条能治愈我内心的阴暗面，而且同样也适用于成千上万的其他人。这就是属于我的心灵历程：穿越内心黑暗的幽谷，达成与真实自我的和谐统一。在这趟历程中，引路者并不是我的高尚品性，恰恰相反，是内心的阴暗面治愈了我感情的创伤，使我开启了一番自己的人生事业；并非我的机智或才华，恰恰是我与内心搏斗，重新调整自己的怒气、不满、羞耻心、恐惧和不安的这些经历，使我心有所得，而后才成功地接触和改变了其他成百上千人的生活。可以说，正是内心的某些缺陷，使我用尽各种方法寻找内心的平衡，并最终发现，即使心灵遭受过巨大的痛苦，这种痛苦也可以转变为内心的一股力量。正因为穿越了心灵的阴暗面，我才成为今天的自己。

事实上，内心的阴暗面可以赋予我们精神财富。放弃用批判的态度看待自己的弱点和邪念，而是选择接纳和宽容的智慧，这样才能成就完整的人格，使我们拥有前所未有的美好生活。也正因为如此，我相信自己能够帮助你了解自己，分析你的所作所为。

当我们明白好和坏、坚强和软弱、聪明和愚昧这些矛盾的特征同时存在于自身时，我们内心的冲突和矛盾就可以得到缓解。试图通过掌握更多掩饰自己的技巧，来重获内心的平静是行不通的，而应当学会更加包容自己不安的情绪、羞耻感、内心的恐惧和脆弱。当我们内心的裂缝愈合，心里的"天使"与"魔鬼"和平共处时，就可得到内心的平静，并能重新主宰自己的生活，作出更好的人生选择，考虑问题也会更加深入，并为自己深感自豪。我们还能重新获取勇气和自信心，更具洞察力，不再自我欺骗。我们会努力地面对问题，对过往的一切进行反思，明白是什么成就了今天的自己。通过探索藏在内心阴暗面里宝贵的财富，我们可以了解自我伤害行为的根源，从而冲破"虚假自我"所带来的束缚，最终过上激情四射、意义非凡、目标明确的生活。我们会明白，只有拥抱往日痛苦的经历，往后才能更充实更优雅地生活。

# 推荐序

王妦溱（Vivian Wang）
大中华地区资深工作坊导师和教练
鸿利管理顾问工作室创始人

## 阴影的力量

伟大的瑞士心理学家荣格说"阴影就是那个我们想要隐藏的自己。"每一个人都有一些特质或人格不想让别人知道。也许你不想别人知道你脾气暴躁，也许你不想别人知道你经常心情低落，也许你不想别人知道你很软弱，胆小，甚至也许你不想别人知道你有力量，很坚强。为了要隐藏这些特质，我们压抑或否认它们。这些被压抑的部分变成阴影，隐藏在黑暗中，没有光亮，没有被照顾。

这些被压抑的阴影特质形成了属于它自己的人格和生命力。就好像把一个人关在地下室，它在下面做一些事情来引起注意力，好让我们把它放出来。当不注意的时候，它就偷偷跑出来，做出一些令我们自己和所爱的人都很震惊的事情。然后，我们摸不著头绪也很困惑自己到底是怎么了。例如：一个备受尊敬的大学教授突然传出受贿的丑闻；一个好脾气爱家的老公突然施加暴力打老婆；一个慈祥的母亲突然把小孩打死；以忠诚著称的明星却被发现有婚外情……这些都是阴影的表现。当我们没有处理阴影，这些阴影就会用一种有害的方式表现出来，摧毁我们的生活和身边的人的生活。这是为什么我们要处理阴影。

第一次接触黛比·福特是在2001年，我阅读了她的《黑暗，也是一种力量》(The Dark Side of the Light Chasers)。冥冥之中，自有机缘，2007年我到美国纽约接受黛比的亲自培训。我可以打从心里说，黛比是我所遇到过世界上最伟大的导师之一！黛比独特而有力量的阴影工作为我打开了一扇新的大门。通过她的阴影工作坊，我发现我原来可以不带任何羞愧或罪恶感完全地展现自己。我学习到如何从过去生命痛苦的经验中发现礼物和教训，我学习到如何从看似不幸的事件中萃取智慧和祝福。

黛比这本《好人为什么想做坏事》(Why Good People Do Bad Things)可以说是她阴影工作的经典之作。黛比运用她优雅流畅的文词，以"沙滩球效应"做比喻来说明当我们压抑我们的阴影所产生的后果。在书中，她一针见血地指出人类的20个面具并且揭露每个面具背后的真相。然后，她提供了充满爱和慈悲的疗愈配方来将我们内在的分裂缝合。最后，她带领我们踏上美丽而神圣的宽恕旅程让我们回归到最完整最真实的自己。

如果你愿意在自己的阴影下工夫，踏上这个改变生命的旅程。我向你保证一个超越你所能想像的更伟大的未来现在正在等著你。如果你现在正拿着这本书，那么我要恭喜你，因为你的生命即将展开全新的一页。当你开始阅读这本书，你的生命将从此不同！

　　而且，生命从这里开始将越来越棒！

　　最后，我想说我很开心也非常荣幸可以为黛比在中国大陆出版的第一本书写序。在这里感谢中资出版社，将这么棒的书带到华人世界。

　　你可以登陆 www.honglileadership.com 或通过 info@honglileadership.com 和 Vivian 联系。

## 权威推荐

  人常常会害怕自己的负面特质,会刻意去掩盖自我的阴暗面,而这给某些生活的悲剧埋下了伏笔。《好人为什么想做坏事》直面了我们一直在回避的阴暗面,并从中挖掘出积极的力量,正如作者所说:痛苦也是一种精神杠杆,能撬动新生活的大门。

——蓝心心理网(www.lansin.com)

  黛比·福特提倡重塑与回归迷失的真我,教导读者发掘并拥抱自己的阴暗面,以发挥自己的全部能量。

——《出版商周刊》

  黛比·福特指出了人类最大的悲剧:真我的丧失以及由此导致的自我破坏。我真诚地向每一个人推荐这本书。

——哈维拉·汉德斯
哲学博士、《一天一点爱恋》作者

  黛比·福特明晰地解释了我们压抑自己内疚、羞耻情绪的根源，说明了否认的心理机制对自己对他人的危害。然后她提供了可操作的治疗方案，让我们回归真我。我相信每个人都将从《好人为什么想做坏事》找到使自己精神完整的方法。

——狄巴克·乔布拉
《佛陀：启蒙故事》作者

《好人为什么想做坏事》是黛比·福特最重要的著作之一。无论是自我伤害还是伤害社会的行为，都是源于我们对心理阴影的否认。让我们愈合心灵的裂痕，我相信每个人都需要这本充满真知灼见的书。

——安德鲁·哈维
《人子》作者

黛比·福特用一种惊人的方式揭示了人们心灵的阴暗面，她是探究人类深度的伟大的冒险家。

——马里安妮·威廉森
《奇迹年华》作者

黛比·福特引领我们了解自我，了解慈悲，了解我们最渴望的幸福。我深深地为黛比·福特的智慧和她博大的心灵而感动。《好人为什么想做坏事》将帮助千千万万的人。

——艾伦·科恩
《如何改变你的生活》作者

一本非常有帮助的书。

——保罗·巴比尔克
《当精神病患者去工作》合著者

《好人为什么想做坏事》深刻探讨了人性的两面性。

——理查德·莫斯
《发现意识的力量》

## 读者推荐

我一直觉得我的性格里有对立冲突的两面,《好人为什么想做坏事》用详尽的材料解释了这一点。这本书让我了解了自我伤害的根源,更重要的是,还为我提供了良方,让我在生活的选择上有了正确积极的方向。

——Bethany

《好人为什么想做坏事》的许多心理分析方法都源于马斯洛、埃里克森等先锋心理学家的理论,黛比·福特认为深层的精神问题经过很长的时间也会产生作用,人只有顺从天性才可获得成长。这本书能帮助我们看清自己,也看清他人,并且向积极的方向转变。

——Cynthia Sue Larson

这么多年来我一直为自己的不完美而挣扎而痛苦,《好人为什么想做坏事》让我改变了对自己的看法,让我勇敢地接受了自己的阴影,接受自己并不是一个完美无缺的人这一事实。本书启迪了我,并解放了我的心灵。

——Clare Mc Carthy

很多人不能接受自己性格兼光明和黑暗的两面，因而无法获得内心的平静，黛比·福特探讨了这一困扰千千万万人的问题，并提出了具体可行解决的方案。

—— C. Edwards

《好人为什么想做坏事》揭示了我们过去的伤痛是如何控制我们现在的生活，如何影响我们与周围人的关系。黛比·福特用通俗简洁的语言为我们阐明：心灵里被压抑的阴暗面导致了我们难以融入环境，难以与他人建立良好的关系。

—— C. Kanstrup

《好人为什么想做坏事》真是一本很棒的书，书中充满了让人警醒的智慧和对人类无尽的爱。黛比·福特就像一位天使，优雅地带领我们从地狱走向天堂，跟我们分享生活教给她的经验。

—— Dave Carpenter

黛比·福特认为：每个人内心的伤痛既可以是危险的触媒也可以是精神的礼物，自我伤害的心理需要得到我们的关注，羞耻感自有其价值，否认的心理机制是可以是生活的祝福也可以是心灵的负担。《好人为什么想做坏事》让我们从新的视角去看这世界。

—— O. Brown

《好人为什么想做坏事》是探讨人类自我分裂的伟大著作,黛比·福特用真诚宽容的态度引导读者接受自己心理的阴暗面,帮助读者打开心怀,面对真我。

——D. Evans

如果你为报纸头条上名人做坏事的丑闻而困惑,如果你想知道你做每件事情的动机,如果你也曾无意间毁掉了自己成功的机会,你应该读一读《好人为什么想做坏事》,书中有你想知道的答案。

——E. Henry Brown

《好人为什么想做坏事》让我张开双眼去看清了自己的过去,书中有很多与我生活息息相关的理论,帮助了我认清自己。

——Max Million

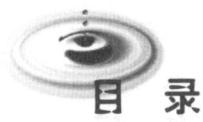
# 目录

致亲爱的读者　5
推　荐　序　阴影的力量　9
权威推荐　12
读者推荐　15

## 第一部分　黑暗和光明的交锋，永无休止

两股力量激发了这场战争，战场就是我们的意识。在战争中获胜的，既可以是带给我们快乐、成功的光明力量，也可能是剥夺我们机会，带来不快、痛苦和折磨的力量。谁会赢得这场战争呢？

**1** 沙滩球效应　23
　　忽然呈现的阴暗面　25

**2** 虚假自我的诞生　30
　　内心的两个声音　31
　　多个自我　36

**3** 跷跷板两端的性格　41
　　认识自己的侧面　44

**4** 羞耻，坏事的导火索　46
　　"你不是好人"　54
　　隐私引起的羞耻感　56

把羞耻感释放出来　58
羞耻感是内心的毒素　59

## 5　恐惧，浇灌有毒情感　63

有毒的情感1：伤痛　67
有毒的情感2：绝望　68
有毒的情感3：悲伤　69
有毒的情感4：愤怒　70
有毒的情感5：嫉妒　71
有毒的情感6：憎恨　72
有毒情感因素的破坏力　73

## 6　痛苦深处，自我"受伤"了　76

受伤意识的形成和入侵　77
自我意识渴求认同　81

## 7　真我的迷失　88

内心瓦解，社交面具的形成　90

# 第二部分　真我重生，内心的和平条约

我们都不是完美的，都会说一些违背本意的话，沉溺于某事而欲罢不能。所以，为了不重蹈覆辙，我们必须迎接坏事情带来的礼物：每一次经历，每一次的伤痛和挣扎，都能让我们懂得一些道理，拥有最真实的本质，成为最好的自己！

## 8　戴上面具的自我　99

"善"的面具　105
乐观、悲观的面具　107
诱惑者的面具　111
内向者的面具　114
明亮照人的面具　118

强势者的面具　126
揭开面具，表达真我　132

## 9　接纳自己，从否认中觉醒　135
否认的危害性　137
难以停止的否认　141
被否认蒙蔽和迷惑　144
伴随着否认的羞耻心　148

## 10　7种心理疾病和解药　152
病症1：过度防备　157
病症2：贪婪　159
病症3：傲慢　162
病症4：狭隘　164
病症5：自私自利　167
病症6：固执　169
病症7：欺骗　171

## 11　宽恕是一份礼物　175
安抚内心，重获和平　180
宽恕他人，从心感悟　184
原谅上帝，与神对话　187
宽恕自己，愈合伤痛　191

## 12　真爱的力量　195
认识心中的上帝　197
向前看　199
纯粹的完美　202

鸣　谢　205
关于作者　206

# 第一部分

## 黑暗和光明的交锋,永无休止

两股力量激发了这场战争,战场就是我们的意识。在战争中获胜的,既可以是带给我们快乐、成功的光明力量,也可能是剥夺我们机会,带来不快、痛苦和折磨的力量。谁会赢得这场战争呢?

# 1 沙滩球效应

> 试想一下,一个充满气的沙滩球被按在水下,稍不留神,球就会弹出水面,溅得你满脸是水。同样的,平日人们刻意压抑的原始欲望和负面情绪,最终会在生活中爆发,打破人们原有的平静生活。

好人为什么想做坏事?要解答这一问题,必须从内心深处寻求答案。人们的内心深处有一股神秘的力量,它引诱生活中许多自我伤害行为的发生。我们常听到类似的新闻:在奥林匹克赛场得奖归来的英雄,因被查出注射兴奋剂而身败名裂;某电视传教士因招妓而被捕;某学校老师与学生有染;某棒球明星参与自己比赛的赌球事件。这些事件屡见不鲜,时常出现在电视晚间新闻、报纸或街头小报的头版头条中。社会杰出人物误入歧途的案例,一桩桩、一件件,给人们留下了太多的疑问和困惑。

此外,在我们的身边大量难以想象的坏事也悄然发生:某著名眼科医生,把孩子读大学的学费用于赌博;某行政官员受贿;某位参与家长教师协会的母亲,与朋友的丈夫有暧

# 好人为什么想做坏事
## Why Good People Do Bad Things

昧关系；某医院负责人涉嫌保险诈骗；某财务经理挪用客户资金等。这些事例的主角，没有犯罪、患精神病或反社会行为的前科，都是平日被同事和朋友公认的好人。他们像其他人一样，有远大的抱负，对生活怀有美好的初衷。但令人费解的是，这些备受尊敬的好人，却莫名其妙地做出许多恶劣的坏事。

当社会充满人们的种种自我伤害的行为时，我们不禁要问："他为什么要这样做？""他为什么做了这样的事情？""这些事情是怎么发生的？"自我伤害就好像一把无形的利剑，一直悬在我们头上，让我们警醒，使我们不得不去关注它。对大多数人而言，伤痛伴随某些负面思想一起钻进心里，困扰我们的精神世界。它利用人们对梦想的失落或曾经刻骨铭心的伤痛，诱使人们跨过伦理界限。

事实上，世界上的每个人都有各自的精神生活。精神是一种因素，深植于遗传因子中，并带领人们皈依内心。在我们的内心，有一个真实的"我"，大写的"我"和潜力无限的"我"。若想真正地找到回归内心的路径，我们必须明白痛苦的作用。痛苦可以帮助人们通过潜意识去认识自我，是促使人们改变的最大诱因。如果生活中一切都很完美，我们是否还会去发掘内心深处的自我？是否会扪心自省并改善自我？答案可能是：我们将一如既往，舒适地生活在熟悉的世界里。所以，痛苦也是一种精神杠杆，能撬动新生活的大门。

其实，痛苦和自我伤害也有益处，它们像催化剂，能迅速改变人们的内心世界，在短短几秒内使人从盲目、傲慢变得清醒和谦逊。我们内心的痛苦是一笔巨大的精神财富。当一个人找到自我伤害引起痛苦背后的真正含义,生活将翻开崭新的一页。

## 忽然呈现的阴暗面

人类心灵的侧面,通常指人们的阴暗面,自我伤害行为都可归因于此。人们内心的阴暗面起源于羞耻、恐惧和不被认同感,它能改变人们善意的初衷,促使意想不到的破坏性事件发生,甚至使人们做出不可思议的自我毁灭行为。

羞耻感和自我否定心理,能激发人性的阴暗面,其中的原因很简单。如果我们将自己的缺点看做人性使然,不知所措时,就会主动寻求他人的帮助。如果我们接受自己有一些邪恶的念头,比如想与伴侣之外的人发生性关系、占有他人钱财、用谎言来维护自己的地位等,我们会觉得这是人性的自然流露,可以得到理解和宽容。但是,当内心的这些阴暗面被我们忽略、压抑,被羞耻感包裹起来藏在暗处,那么,黑暗阴影就会慢慢地形成。那些遭到否定的黑暗不断聚集能量,直到一触即发。

平时被压抑、被否认的感受,最终会在生活中表现出来。当人们忙于发展事业、构建家庭或照顾爱人,以至忽略梳理自己的情感时,阴暗想法和羞耻感就会被压在心底。但是,却有随时爆发的危险。**人们内心的阴暗面会在某些无法预测的瞬间爆发出来,引发破坏性行为,摧毁了我们的生活、声誉和以往取得的成绩。这就是我所说的"沙滩球效应"。**

试想一下,把一个充满气的沙滩球按在水下,稍不留神,球就会弹出水面，溅得你满脸是水。如果某些东西压抑在内心深处，埋在潜意识中，当你觉得一切正常时，沙滩球效应就可能发生。你到处发电邮诽谤自己的同事；你被一夜情诱惑出轨；你因醉酒撞车而被捕；你私自动用家庭信托基金被发现；你在新的情人面前发怒失态；你因为不当的发言而失业；绩效评估即将开始，你却完成不了工作任务；遭受挫折后，你出手打了自己的孩子……换句话说，人们压抑已久的渴望和得不到排遣的痛苦，极需宣泄，就像沙滩球一样，随时都可能反弹，让你措手不及。它毁灭你的理想，剥夺你的尊严，使你羞愧难当。

我们还要经历多少自我伤害的事件，才能了解到当压抑的负面情绪得不到排遣时，它具有的破坏力量呢？唐·伊穆斯（Don Imus，美国媒体大亨，因吸毒和酗酒声名狼藉。——译者注）就是一个很好的例子。唐·伊穆斯立足于传媒事业，经过35年的不懈努力，成为美国著名的广播和电视媒体大亨。但在短短1分钟之内，他多年来苦心经营的名誉毁于一旦；他的"沙滩球"突然弹起，把他击得粉身碎骨。

梅尔·吉布森（Mel Gibson）素来标榜自己道德高尚，具有民族气节。他创作了几部表现强烈精神意志力量的影片。虽然吉布森一再否认他的电影《耶稣受难记》(*The Passion of the Christ*) 里面存在反犹太主义的内容，并坚持反对此项指控。但有一次在酒后驾车被捕后，他肆无忌惮地表达了反犹太主义的立场，将隐藏在自身黑暗里的信仰和态度暴露无遗。这一系列事件令他名誉扫地。

沙滩球突然弹起，将我们打出原形的方式多种多样。触发的事件可能非常微小。比方说，你正准备与丈夫外出，打算弥补先前错过的约会，结果却与他发生了争吵；经过几个月的努力，你和孩子建立起的信任关系，却突然因当众数落他而毁灭。沙滩球效应也可能出现在以下的例子中：你因为没有及时更新简历而错失了一次很好的就业机会；在节食3个月后，某个晚上你突然把冰箱里的食物扫荡一空；因为睡过头你没能参加好朋友的婚礼；你叫错爱人的名字；电话里的通话结束后，你误以为对方已经挂机，便开始对他妄加评论，却被对方听得一清二楚。如果我们不正视潜伏的"沙滩球"，它就会随时反弹，而我们必将为此承担后果。相信我，在绝大多数情况下，得不到缓解的痛苦一旦爆发，受到伤害的不仅是自己，还会牵涉到很多和自己有关系的人，会干扰他们的生活，使他们伤心，有时甚至会殃及无辜。

让我们来想象一下，若是把压抑的情感和自我否定的想法，比作精神上的岩浆（一直在地底下活动）。假设地表没有释放地下压力的出口，那么，岩浆只能通过火山爆发来缓解压力。同样，人们内心黑暗的冲动和渴望也在不断累积，如果找不到健康、安全的方法来排遣，它们会在意料不到的时刻，像岩浆一样喷薄而出。我们要正视自己的阴暗面，接受和理解它，在我们的心灵里开通宣泄的"出气口"。只有这样，心理压力才能以安全妥当的方式释放，我们才能敞开胸怀，解除可能爆发的危机。相反，如果出于羞耻和恐惧，故意压抑和掩盖自己的阴暗面，那么，沙滩球效应就会发生。虽然，当人们释放自己的压力时，周围的人和环境也会受到一定的影响，但这种影响与情绪一次性倾泻而出带来的危害相比，就显得微不足道了。

当然，人们的内心也会自然地寻找"出气口"。这就是为什么我们会特别喜欢了解负面新闻，尤其是关于媒体对名人丑闻的报道。每当听到贪婪、淫荡、人格扭曲、欺诈和背叛这类主题，在震惊的同时，人们都会不自觉地把一些压力从内心的阴暗面里释放出来。当读到一则新闻，说某名人猥亵13岁男童，我们马上会觉得，相比之下，自己被色情小说挑起的欲望不过是小巫见大巫；当得知市政厅的一位女公务员因在商店顺手牵羊而被捕，我们会觉得在税务方面弄虚作假也没什么大不了。媒体报道的这些负面新闻和罪恶实例，可以让我们在心理上获得片刻的安宁，看到一丝希望。虽然他们作奸犯科的原因和困扰我们的心理问题，可能完全不是一码事，但会让人们稍微减轻自己的心理负担，觉得自己还不错，不像某些道貌岸然的人那么可怕。

形形色色的电视节目，播出人们好斗的、吝啬的或卑鄙的各种举动，使观众能就此一窥他人的隐私。如果人们本身没有相同经历，没有类似的体验，也不至于大感兴趣，产生共鸣。当人们把自己的情况影射到他人身上，来评判他们的行为，那么，自己的阴暗面看上去就没有那么可怕。有时我们环顾四周，对他人的某些举动也会产生同病相怜的感受。当我们看见了别人的阴暗面，自己也会下意识地释怀：在芸芸众生中，并非只有自己这么想，这么做。

如果不希望让阴暗面控制自己的言行，首先要充分了解内心的活动。每个人的内心包含了哪些因素？人们内心是怎样运作的？这些都需要我们去了解、去认识。我要把内心两股相冲突的力量告知世人：积极的力量使人们敞开胸怀，聆听内心的声音，给予爱和接受爱，做出对社会有益的事情；消极的力量使人们退缩不前，毁灭成果，驱使人们走向与自己目标和价值观相悖的方向。因此，我们要集中精神去了解，为什么那些优秀的人，那些不畏艰辛、受人信任、善良虔诚和功成名就的人，会做出邪恶的事情；同时也要扪心自问，我们是不是也会变成自己最大的敌人？

## 2

# 虚假自我的诞生

> 我们的内心都有两个对立的声音：一个是理性的、善意的代表事物美好面的声音；另一个是胆怯的、羞耻和自私的声音。阴暗面和光明面永不停息的交锋，最终让人面临进退维谷的境地。

有些人为什么会牺牲自己的尊严和梦想，屈服于可能会摧毁自己或他人生活的一时冲动呢？为了揭开好人为什么想做坏事的谜团，我们必须先对人性、自我和人格的双重性有所了解。探索人类内心如何活动，是弥合光明和阴暗面之间的裂缝的第一步。如果我们对内心世界的阴暗面（充满缺陷和弱点）和光明面（充满优点和活力）缺乏了解，就难以平息心里的矛盾挣扎，也难以获得内心的平静。长此以往，我们最终将放纵自己，反复做出自我伤害的行为，并受困于自己的罪恶行径，耗尽一生。

我们为什么需要了解人格的双重性呢？因为引诱我们踏上阴暗的人生旅途并吞噬我们的尊严，破坏我们的功绩、使我们堕入痛苦耻辱中的并不是真正的自我。这一切都是受伤的自我在作祟——被暗藏的羞耻感和不安填满着。受伤的自我是内心的一个侧面，容易受到阴暗冲动的侵蚀，具有抹杀我们苦心经营的成就、摧毁我们的梦想的能力。受伤的自我连同阴暗面的能量躲在潜意识里，蕴藏着瞬间摧毁人们生活的力量，导致愚蠢的错误和痛苦的遭遇，给我们带来诸如失恋、违约等令人失望的结果。

我们的内心包藏着许多的羞耻感和阴暗的想法，促使好人做出了坏事。当我们被失控的念头误导，被得不到满足的欲望左右，被怀才不遇的情绪控制，虚假的自我就产生了。它成为我们生活里的面具，让我们试图通过外部世界的满足感来掩盖内心的空虚。虽然从表面上看，我们的生活一切如常。虚假的自我从我们的伤痛、深度不安和自我厌恶的心理中孕育而生。如果我们想达到自身的和谐，在未来拥有稳定的生活，就必须对虚假的自我给予关注。如果连我们都不愿承认受伤的虚假自我的存在，如何能够为它疗伤，抚慰它，并友善地对待它呢？

## 内心的两个声音

究其根源，好人做坏事起源于人性里高尚和低劣品格之间的分裂。当人们最初健全的自我经历了太多痛苦，当痛苦不断积累，多到无法化解时，自我的分裂就发生了。日常生活里，我们仅用部分自我来打理自己的各项事务，而不自觉地回避另一部分的自我，因此忽略了自我的完整性。如此一来，人们就与永恒而真实的自我分裂开来。随后，为重新感知自我的完整，填补所缺，一个虚假的自我诞生了。虚假的自我犹如一件外衣包裹着内里受伤的自我。紧接着，内心的战争正式打响了。

　　你可能会产生疑问，这是场什么战争呢？这是一场在好的自我与坏的自我，光明和黑暗，善与恶之间展开的神秘战争。这场战争跨越心灵的疆域，主战场就是你的内心，获胜的那个自我将赢得主导你生活的权力。那么，胜利者会是那个好的自我，还是坏的呢？是内心圣洁的那个自我，还是受伤黑暗的自我呢？

　　一旦了解人格的构成，我们就会明白每个人既是圣人又是凡人，既是好人又是坏人，黑暗和光明面交迭着影响我们。人类高尚的品性被赋予诸多称号：圣者、精神核心、灵魂、真我；而受伤的自我则被称为：阴暗面、恶魔、坏的我或是丑恶的自我。在东方哲学中这种双面性被形容为阴和阳。人性当中的两极也有众多描述方法：神圣的与凡俗的自我，大我与小我，真实的与虚伪的自我。无论你怎么描述，关键在于我们内心的确同时存在着高尚的和丑陋的自我、无限的和有限的我，只有当两者皆备我们才完整。

　　不知你是否察觉，在看似相悖的两面中求得和谐、平衡是非常困难的。然而，如果人们简单地选择忽略阴暗的冲动，虽然很容易就能得到平衡，但结果却是使两极分化的痛苦更加剧烈。

　　从心理学上来说，人格分裂是由于某部分的自我受到压抑，因而发生了分离。瑞士心理学家卡尔·荣格（Carl Jung）数十年前曾说过的："我宁愿选择完整，也不要有所缺失的美好。"换言之，如果强行把自己从阴暗的冲动中分隔开来，力图表现出一个"好人"的样子，那么我们就失去了自我的完整性。如果对阴暗面进行压抑，只能使其以非正常的方式表现出来。现实生活中有很多例子可为这种现象做佐证，比如某个天主教神父不愿承认自己也有性需求和欲望，却对无辜的孩子进行性侵犯；一个在体面家庭里成长的"好女孩"，却被人发现怀上了镇上坏男孩的孩子；还有班上的佼佼者却在期末考试中被发现作弊行为。当我们有意绕开人性本能的冲动，否认自己的痛苦、不满或其他内心的激烈挣扎，就容易出现好人做坏事的情况了。如果我们羞于承认自己的本能需要和缺点，无法面对整体的自己，并用压抑的方法来管理自己，我们就会发现自己经常被意想不到的想法、行为和冲动伤害。

罗伯特·路易斯·史蒂文森（Robert Louis Stevenson）的小说《化身博士：杰克医生和海德先生的怪诞案例》（*Strange Case of Dr. Jekyll and Mr. Hyde*），该书是一本神秘恐怖类的小说。讲述了一个关于人格分裂的耸人听闻的故事。它不仅展现了一场善与恶、好与坏之间的斗争，还有更深层次的寓意，它体现了人性被压抑后的复仇。故事发生在维多利亚时代的英国，故事的主人公亨利·杰克医生（Dr. Jekyll）是一位受尊敬的心理学家，他是一位绅士，是善和美的化身。但是人性本就有冲动、欲望、需求和本能，鲜为人知的是他为双重人格所困，想要寻求释放的途径。在杰克医生这种身份的掩饰下，他真正的内心世界被完全控制和约束起来了，只能通过喝某种神奇的药水来释放自己黑暗的一面，从中分离出来的是受他潜意识支配的另一个人——邪恶的爱德华·海德（Edward Hyde）。

杰克医生没有勇气面对自己的阴暗面，渐渐地对药水产生了依赖，被自己不愿承认的、抛弃在黑暗中的自我征服，对贪婪、无法满足的欲望拜倒，并最终为其所吞噬。当海德完全失控后，就开始侵略像虚弱无力的老人和无辜的小孩这样的弱者。杰克既害怕失去他在众人面前的威望，同时又为自己人格另一面感到无地自容。这个一度和蔼可亲、才华横溢的好人沦为了自己压抑的人格的牺牲品。他的表层意识不愿也无法满足人性的需求，也让他无法接受自我，这样他的人格不可避免地分裂成两面。最终，他选择死亡来解脱他在杰克和海德之间的痛苦挣扎。

杰克和海德的故事是一个比较极端的例子，但是它揭示了一个真理：大多数人都有两面性。人的意识不是唯一的或一成不变的，而是动态、多重、矛盾、易变和脆弱的。当我们每天保持清醒，关注周围及内心的变化时，我们首先意识到自己善的一面，并尽可能地使其支配自己的生活。接着，我们成为内心冲突、野心、犹豫或彷徨等错综复杂心理的载体，这往往有悖于我们美好的愿望，有时歪曲了善意，还会在我们措手不及时突然爆发。这就是人性的全貌。

每个人内心都有两个相对立的声音：一个是理性的、善意的、代表事物美好面的声音；另一个是胆怯的、羞耻和自私的声音。人性中黑暗和光明两面的斗争，最终让我们面临进退维谷的境地。两股截然相反的声音在我们身上交织和渗透。无论我们用什么方法，也无法剔除其中任何一个。如果了解这些声音，并允许它们按照游戏规则运作时，就可以惊喜地发现自己同时拥有两股力量。当然人们可以通过压抑和隐匿去淡化阴暗的一面，但它却始终存在。这两个声音既存在于人们内心平和的时候，也存在于矛盾挣扎的时候。尽管这些声音的具体内容因人而异，但运行程序都是一样的：一个声音使你放松平静、有安全感，而另一个声音令你生畏、神经紧张；一个声音告诉我们要分清是非、不为不属于自己的东西蠢蠢欲动，而另一个声音让我们不择手段满足自己的贪心。高尚的声音与邪恶的声音始终在进行对抗：

一个声音使我们沉溺美味的大蛋糕；另一个声音告诉我们：减肥计划泡汤了。

一个声音告诉我们，看到想要的东西就不择手段地获取；另一个声音警告我们偷窃是不对的。

一个声音在大呼小叫"我没有醉，还要再喝一杯"；另一个声音告诫我们已经够了。

一个声音说对配偶不忠是不对的；另一个声音却用情欲怂恿我们突破道德的防线。

一个声音说与自己对社会的贡献相比，伤害到一些人也无关紧要；而另一个声音惊呼，你不能伤害其他人。

一个声音冲着自己的孩子怒吼、指责和挫伤他们；而另一个声音提醒我们，孩子的心灵需要用爱和耐心去浇灌。

一个声音拼命驱赶我们向前,让我们无暇静下来好好考虑问题;而另一个声音说暂停一下,做个深呼吸,想想这样做的后果。

每个人心中都有两股力量在斗争,这场战争自古就存在。一方面每股力量都想战胜对方,另一方面双方都试图妥协。那股光明的力量提升我们的价值,激发我们把独特的才能贡献给社会,而另一股黑暗力量却拖我们的后腿,依靠我们最原始、自私的冲动为生。

这两股力量激起了这场战争,战场就是我们的意识。在这场战争中获胜的,既可能是带给我们快乐、成功和归属感的力量,也可能是剥夺我们的机会,带给我们悲伤、痛苦和折磨的力量。光明和黑暗两股力量相互斗争,试图控制我们的思想和生活。谁会赢得这场战争呢?

## 多个自我

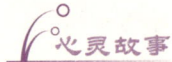
心灵故事

这是一个有关切罗基族(Cherokee,切罗基族是北美伊洛魁人的一支。——译者注)某个部落首领的老故事。

一天,首领觉得到了教他最疼爱的孙子一些生活的道理的时候了。他把孙子带到森林里,让他在一棵老树下坐下,说:"孩子,每个活着的人都一直在经历一场思想和灵魂的斗争。即便是我这个聪明的老首领,心里也经历着

第一部分
黑暗和光明的交锋、永无休止

相同的斗争。如果你不知道是怎么一回事情，它会使你失去理智，看不清人生的方向。可能你人生中会有一些成就，但是你会稀里糊涂地突然感到迷茫、害怕，也可能前功尽弃。你觉得自己做的事情是正确的，但总是事与愿违。如果你不清楚善与恶这两股力量，不能区分个人和集体的利益，无法分辨好的自我和坏的自我，那么你的生活将会是一团糟。

"就好像有两匹狼在我心里，一只是白狼，一只是黑狼。白狼是好的、善良的、不会伤害别人的狼。它能与周围和睦相处，不会主动攻击他人。白狼强壮、有力，了解自己和自己的能力，只作正当防卫，或保护家人时它才会发动攻击，即便如此也能适可而止。它时刻提防其他狼，又至于丧失本性。

"但我心里还有一只黑狼。这只狼与前一只非常不一样。它粗野、不满、善妒，还胆怯，极小的事情就能激怒它。它总是无缘无故与人为敌。贪婪、愤怒和仇恨令它无法思考。但是孩子，它的愤怒于事无补，毫无作用。它到处找麻烦，所以它的出现就是最大的麻烦。它谁也不相信，所以根本没有真正的朋友。"

老首领停顿了一下，想让两匹狼的故事慢慢沉入他年幼孙子的脑海里。然后，他一点点弯下腰，深深地看着他孙子的眼睛说："有时候，要与我内心这两匹狼相处很难。它们一直在相互斗争，争夺着要控制我的灵魂。"

孩子深深地被爷爷的故事吸引，他披了披爷爷的腰布好奇地问："那哪只狼赢了？爷爷。"首领会心一笑，用浑厚而坚定的声音回答:"孩子,它们两个都赢了。你看,如果我只喂养白狼,那么黑狼一定伺机而动,待我失去平衡或者忙得忽略我的职责,它就会奋起攻击白狼,给我和部落带来麻烦。我了解黑狼的本性,它会处于愤怒状态,时刻准备出战以引起注意。但是如果我关注一下它,承认它拥有的强大力量,让它知道我尊重它的个性,当部落有难时,它就可为我所用。这样,黑狼会很高兴,白狼也会很乐意。它们俩不是都赢了吗?我们不是都赢了吗?"

孩子听不懂了,他问:"爷爷,这我就不明白了。怎么它们就会都赢了呢?"首领继续说道:"你看孩子,在突然事件中,黑狼身上有很多我需要的重要特点,它凶暴、意志力强、不轻易放弃,它聪明、敏锐、歪点子多、想象力丰富,这些品质在战争中都很重要。它反应快、感官灵敏,唯有它能看穿黑暗中的变化。在进攻中它是我的盟友。"

首领说着从随身携带的小包中拿出一些冷牛排,把它们放在地上,一块放在他左边,一块放在他右边。他指着牛排对孙子说:"我左边的食物是喂白狼的,右边的食物是喂黑狼的。如果我两匹狼都喂,它们就不会为了引起我的注意而打架了,我也能利用它们身上的特点。我就能听从心里的智者,引导我在什么情况下用哪匹狼最有利。比如,如果你奶奶要一些食材做一顿丰盛的晚餐,我本该帮忙的,但是我没能这样去做。我就让我的白狼拿出魅力去安慰你奶奶心里愤怒饥饿的黑狼。我的白狼在这方面分寸拿捏得很好,帮我能更了解奶奶的需要。你看孩子,如果你对你心里的两股力量一视同仁,它们就都是赢家,而你也能赢得内心的平静。我的孩子，求得心灵平静是切罗基族人的使命，人生最终的目标。心灵平静可以赋予一个人一切。你作为年轻人，也要选择如何面对和回应你内心深处的两股力量。你的选择将会决定你今后的人生。有时其中一匹狼需要额外关照时，不要难为情，告诉年长的人，让他们来帮助你。把它说出来，表现出来，让经历过相同斗争的人来告诉你他们的办法。"

这个简单又典型的故事展现了人们内心的经历。每个人的心里都有光明和黑暗两股力量，这两股力量同时存在不断斗争，就像这两匹狼：一匹是友善的狼，它心地善良、敏捷、感性、强壮、无私、外向和富有创意；而另一匹狼与之相反，它不知满足、忘恩负义、趋炎附势、自私自利、恬不知耻和擅于欺骗。每天我们都面对着这两匹"狼"，通过认识它们，人们了解到自己的每个侧面，并发现它们之间的联系。那么，我们是该只挑选那匹白狼，对自己阴暗的一面视而不见，还是该整体接受，承认我们所有的品性呢？

为什么人们想否定内心的"黑狼"？原因很简单，因为人们觉得它不应该存在。我们担心一旦承认心里阴暗面的自我，可能被别人看做不合群、奇怪或是精神分裂。我们觉得自己应该是表里如一的"正常"的好人。但我们真实的人格却是由很多侧面组成的，拒绝承认就大错特错了。因为，如果一味地进行压抑或否认，其中某个侧面就可能会驱使我们不计后果地做出破坏性的傻事。

正是因为我们身上兼有多种性格，所以每个人是由多个

"自我"组成的。我们要进行内省，认清自己，了解到自己身上既有光明又有阴暗面，既是圣人又是恶魔，既可爱又可憎，人类身上的所有特性，你我也都兼备。如果人们没有见识到这些侧面，那是因为它们还在沉睡中，随时都可能苏醒并爆发出来。了解上述情况后，就能理解好人为什么做出了坏事，更重要的是，可以明白我们为何会成为自己最大的敌人。

# 3

## 跷跷板两端的性格

> 每个人都身兼自卑与自大，有时慷慨有时贪婪，有时心平气和有时也暴躁易怒。你想象一下，假设这些相互矛盾的性格分别坐在跷跷板的两边。你思考一下，自己心里的跷跷板失衡了吗？

P.D. 邬斯宾斯基 (P.D.Ouspensky) 是俄罗斯的一位心理学教授，也是 G.I. 葛吉夫 (G.I.Gurdjieff) 的学生。在他所著的《寻找奇迹》(*In Search of the Miraculous*) 一书中描述了一个有关人类意识多元化的故事。"觉得人总是一成不变是一个最错误的观点，"邬斯宾斯基说，"人总是在不断变化，不可能长期处在一个状态。有时候，甚至在短短半个小时内人们都可能呈现出不同的状态。比如说我们认识了一个名叫伊凡的人，就会形成一个观念：他永远都是伊凡。其实不是这样，现在他是伊凡，下一分钟他可以变成彼得，再下一分钟他可以变为尼古拉斯、马修或是西蒙。可是，即使他变了，所有人仍然只会认定他是伊凡；而假设人们对伊凡的性格也有了认定，比如认为他不会撒谎，可是有一天，人们却惊奇地发现他撒谎了。事实上,身为伊凡的他的确不会撒谎,但在他变成尼古拉斯后,尼古拉斯撒谎了,而且尼古拉斯向来出口成谎。你更会惊讶于这样的事实:一个人可以一会儿是伊凡,一会儿又成为尼古拉斯,多重性格集中在一个人身上。"

每个人都身兼自卑与自大,有时慷慨有时也会变得很贪婪,一贯心平气和的人也有可能变得暴躁易怒。你想象一下,假设这些相互矛盾的人格分别坐在跷跷板的两边。当我们承认并接受这些矛盾的人格时,跷跷板是处于平衡状态的;但是如果我们压抑了其中一边,试图向世人展现自己只有光明美好的一面,努力遏制内心的黑暗,而非与之和平共处,那么就有失衡的危险了。我们的精神世界总是在寻求完整和平衡,如果阴暗面的人格长久受到压抑,它最终会走向前台,摧毁我们的一切,这只是个时间问题。

我们都是错综复杂人格的混合体,遗传基因里就携带着各种性格。我们习惯只向世人展现自己的一面,但有时候在其他人身上,我们可以发现自己潜藏的性格特征。人本来就是十分矛盾的,如果我们意识不到自己的矛盾性,拒绝接受充满矛盾的真实的自我,否认自己身上存在着相互对立的性格,那么,我们将会一再经历自我伤害的痛苦。

如果抛弃人格的完整,我们对自己和他人的认识就会受到局限,并失去完满、快乐和成功人生的根源。你可能会问:"这种根源来自哪里呢?"很简单,这个根源就是真实的生活。当我们毫不掩饰地去面对人性里的矛盾时,才能够渐渐地体会真实的自我。也只有这样,我们最终才能清晰、真诚地面对自己,认识到自己的能力。真实是每个人生活中必备的要素,能确保"完整的我",而不是把我们交给"邪恶的另一面"来支配。

如果我们假设"好人不会做坏事"这个命题是正确的,那么请扪心自问,到底是谁做了坏事呢?好人真的变坏了吗?怎样的人算是好人呢?我们对他人的判别只有好与坏、黑与白吗?难道没有好中有坏、坏中有好或不好不坏的人吗?如果"好人"不会做坏事,那么谁做了坏事呢?大多数人倾向于片面地思考,先判定自己为好人。狭隘的视角妨碍我们认清事实,偏激的观念妨碍人们客观地认识自我、别人和整个世界。

必须明白,每个人都可以做出十恶不赦的坏事。心理惰性在帮助我们适应生活的同时,使我们认为优点都在自己身上,缺点却在别人身上。我们就好比是镜子,看不清自己身上的瑕疵,却对他人的缺点一目了然。

一位颇具权威的政治家,面对媒体的采访,当着成千上万的美国民众的面,公然指责总统与他人有私情,怒不可遏地表达了他对总统的弹劾,却在同一时间,他自己与人私通的隐私也被揭发出来。

还有一位资深牧师,掌管着一个拥有 14 000 多名信徒的教堂。他道貌岸然地指责同性恋的弊端,坚决反对同性恋合法联姻,却被一位与他有过 3 年性关系的男妓暴露了他是同性恋者的实情,最后不得不辞去神职。

还有一位前参议员多数派领袖,突然在斯特罗姆·瑟蒙德(Strom Thurmond)百岁诞辰的庆典活动上发表了带有种族歧视的言论,全国民众一片哗然。2002 年 12 月记者鲍勃·韦尔（Bob Weir）写了一篇文章，一针见血地指出，这是言语不慎造成的灾难，更是潜意识中的自我伤害行为，实质是"根深蒂固的偏见一直为社会礼俗所压抑，终于在不经意间爆发出来"，这句话讲得再清楚不过了。

为什么我们会成为自己最大的敌人？我们可以从人们消极的自我和羞耻心当中找到答案。但是，如果我们真的不如自己认为的那么好，如果暴露出来的负面只是冰山一角，甚至我们自己都不了解自己，那怎么办呢？

## 认识自己的侧面

虽然我们可能觉得其他人不会因一时冲动而去犯罪，同时义正词严地表示"我不会做出这样的事情！"但是，很多时候我们都会在对与错之间摇摆不定，甚至受环境的影响，抛弃固有的原则，融入当时环境中去，做出自己都难以想象的事情。大部分人都会夸大别人所做的坏事，比如背弃同伴、侵占财物、舍人为己、坏习惯和欺瞒行骗等不可想象的事情。我们认为这类的事情一生都不会发生在自己身上。

无论相信与否，我们有很多不愿承认的侧面，这些侧面有时会不由自主地体现出来，与黑暗受损的自我为伍。我们性格中的阴影可看做是侧面的结集，它们就潜伏在表层意识之下，一旦被忽略，它们就会爆发出强大的破坏力量。在人生旅途中，它们随时可能把我们辛苦积累的人生成果毁于一旦。它们会破坏我们苦心经营的人际关系，切断经济来源，破坏我们的家庭和美好的未来。尽管如此，大多数人还是无视它们的存在，我们努力地排斥它们，忽视它们，不知不觉地借助食物、酒精、性、毒品等来使自己分心，从而无暇顾及自己不愿看到的阴暗面。

我们必须了解，自我的每个侧面都需要被关注。如果忽视它们，我们就有可能陷入失控状态，变成自己最大的威胁。我们往往羞于在人前表露自己的阴暗面，正因为如此，这些阴暗面需要被关注却得不到满足，我们无法深入判断身边的是与非。

当明白了自己既是好人又是坏人，我们就能更好地理解别人，谨慎使用评判别人的权利。我们不会再过分指责其他人因受阴暗面的驱使，一时冲动犯下的错误。而我们会看到他人的内心——可怜的灵魂完全被阴暗面支配。他们也许自认为把阴暗面成功压制住了，不让其出现在生活中，但当心灵上的创伤被触发，他们来不及思考、不顾后果地采取了过激行动。当我们更深入地了解自己的内心，明白到自己做出过激行为的原因时，我们会发现，人生的轨迹其实是非常具有预见性的。当前的现实是：我们都是内心世界所控制的木偶，内心活动支配着我们的反应和选择，最终反映到行动上。

# 4

# 羞耻，坏事的导火线

> 亲人、朋友、伴侣，周围的人的负面评价会使我们产生羞耻感，会在我们心里产生一定的回响：我这样做不对，我出了什么问题了，我不值得别人尊重和爱，我是个坏人。

与生俱来的羞耻感常诱使我们做出坏事，如自毁成功、自损利益、侵害他人、沉溺上瘾及破坏人际关系等。人们往往不愿承认自己的羞耻感，而做坏事是人们发泄内心羞耻感的方式。有时候，我们无意中做了愧对自己的事情，潜意识的动机可能是为了抚平上一事件引起的羞耻感。

如果持续忽略或压抑自己的羞耻感，它可能会以一种自我伤害的方式表现出来。换句话说，如果我们不去处理自己的羞耻感，它就会反过来"处理"我们。因此，慎重处理过去的创伤，从中汲取教训并不断成长，追求内心的完整健全，我们才不会因羞耻感而做出坏事。一旦对羞耻感真正有所了解（包括了解其内在价值），就会明白它可以帮助我们了解自己深层的内心，治疗我们的情感创伤，消除负面的心理活动。

这是一个抚慰精神的过程，可以引导我们回归灵魂最自然的本性。

自我伤害行为也可能是出于悲伤，但我不完全认同此种说法，它其实是一种把藏在内心的羞耻感表现出来的行为。有时候，我们可以成功地把羞耻感隐藏起来，直到一天某些外因促使它浮出水面。这些外因可能是当我们遇到挫败、无能为力或怀才不遇的情形时，激发了焦虑、痛苦和怀疑的情绪；也可能是在我们取得了一定成就时，因为以往熟悉的环境改变了，我们害怕因此遭到排斥或被人嫉妒，刻意做出了自我伤害的行为，也就是说，我们破坏了本该属于自己的成功。

有些人从高高在上的位置瞬间滑落，这证明他们也有致命的弱点和缺点。例如，威廉·W.（William W.），一个18岁的棒球明星，他与一支职业棒球联赛球队签了3百万美元的加盟合约，但在其后不到2周的时间里，他酗酒、打架、斗殴及被捕，失去了这份合约，也毁了自己的梦想；又如一位刚出道的舞台剧年轻演员，因酒后驾车和嗑药被捕，在这样的情况下，她向公众袒露自己的心声，表明自己感到十分惭愧，不值得众人的爱戴和追捧。不管做了什么自我伤害的行为，从多么高的位置跌落，也不论我们曾多么努力地摆脱悲苦的面貌，只要这份痛苦够深够重，我们就会开始背叛自我，做出异乎寻常的举动。痛苦和羞耻会引起人们内心发生戏剧化转变。为了正确处理内心的羞耻感，我们首先要知道它是什么，从哪里来。

如果鼓起勇气来剖析人的心理，你就会发现人们的性格丰富多样得超乎想象，人的行为形形色色超乎你的认识。问题产生了：为什么你拼命逃避认识自己的全貌？答案就是：**因为你从小受的教育不允许你充分表达自我。**很小的时候你就被灌输这样的信念：如果把自己全部的想法表达出来，把自己所有的侧面（不管是好的坏的）展示出来，你就会被孤立和拒绝，有人会对你指指点点。所以你在尚不能完整写出一个句子的年龄，就已经开始把自己与整个内心世界隔离开了。尽管这个过程是痛苦的，但这一切都可能以得到他人的爱、被接受和获得归属感为回报。

## 生活实例

一天，我下班回到家，问还只有3岁的可爱儿子："波尔，你洗头了吗？"他不假思索地回答："洗了，妈妈。"我相信了他。当保姆和我交接完，告别的时候，走出大门后转身对我说："哦，他不让我给他洗头。"我愣了。我就站在儿子身边，意识到他——这个世上我最珍视的人，居然对我撒谎，他会骗人了。当时我觉得悲羞交加，想着怎么会这样呢。我天真可爱的宝贝居然对我撒谎。一些天过去了，我叫了几个朋友来家里做客，拿出4块饼干，我问波尔："你要几块饼干？"他回答说："4块。"我马上意识到他还很贪心。

几周后的一天，我和儿子到公园里一起玩了几小时后，我们回到家里，我走进家里的办公室正想干些活，波尔进来了，我问他："现在是波尔的时间，还是妈妈自己的时间呢？"他冲口而出："波尔的时间！"我明白了，他身上还有自私的痕迹。这样看来，这个我的最爱——3岁的儿子，他可爱、心地善良、讨人喜欢，可是他也有撒谎、贪婪、自私的迹象。我知道假使我要做一位人们眼中的好妈妈，就应该教训他，这样做是不对的，假使我要做一个人们眼中的好人，我就会告诉他："不要自私自利，波尔，没有人喜欢自私的人。""不要撒谎，波尔，否则我就罚你，我就不爱你了。""不要贪心，波尔，否则你就没有朋友了。"我应该让他有羞耻感，甚至惩罚他，使他把这些冲动和行为隐藏起来。我应该教育他好人不会这么做。但是他已经表现出这些品性，他已经开始撒谎，已经有了自私的想法了，也已经贪心地想一个人独享所有的饼干了；他已经知道怎么从其他小女孩手里抢玩具，还有他为了抢先骑小马，推倒正在蹒跚学步的其他小朋友。如果我是一位好妈妈，我就应该告诉他："不要这样，不许这么做。"但事实上，我却不知如何是好，因为我知道一旦他产生了羞耻感，幼小的心灵就会响起一个信号，而这个信号是无数人内心都有的，并为之挣扎的信号：我这样做不对，我出了什么问题了，我不值得别人尊重和爱，我是个坏人。

我一直在反复考虑，孩子表现的是人类与生俱来的冲动，如果我令他感到羞耻，他就会像其他人一样把内心封闭起来。想到这些后我就感到害怕，因为羞耻感正是我会产生拒绝、压抑、憎恨或尴尬的情绪的原因。波尔与其他同龄的孩子一样，是一个平凡而健康的孩子，有着正常人的冲动，他只是一个优点与缺点并存的普通人。

我试图找到其他教育他的方法,例如让他明白占小便宜也许可以为他省些开销,但自私的性格会为他与同学、同事之间的相处带来障碍。我想让他知道,只有在某些极其特殊的情况下才能够说谎,比如当因特网上的黑客要他的名字时,他可以杜撰一个假的身份,隐瞒自己14岁独自在家的真实情况。他可以向对方谎称,他是一个45岁的专门对付网上作案的执法人员,并且已经知道对方是谁,在哪里上网,等等。

作为一位母亲,我想让儿子知道人性中有光明和黑暗,有好有坏,诅咒伴随着祝福。从释达瑜伽的创立者谷崎·马基(Guju Maji)那里,我听到了一个故事,我觉得用它来阐明我的想法再合适不过了。

## 心灵故事

一天,有个非常富有的国王召来他的信使。信使来到后,国王告诉信使,让他外出去寻找世界上最坏的东西,几天内把它带回来。信使出发了,几天后他回到国王面前,却是两手空空。国王很疑惑,问道:"你找到的世界上最坏的东西呢是什么?我没看到你带回来任何东西啊?"信使说:"国王陛下,就在这里。"他伸出了舌头。国王更加不明白了,要求信使解释。信使说:"我的舌头是世界上最坏的东西,它能做很多坏事。我的舌头讲了很恶毒的话,还撒谎,我过度放纵它,这让我感到疲惫、恶心。我还讲了一些伤害别人的话。所以我的舌头是世上最坏的东西。"国王很满意,又派这位信使出门去找世上最好的东西。

信使很快就出发了。几天后，他又一次两手空空地回来。国王看到他后，生气地怒吼："这世上最好的东西在哪里？"信使又一次伸出舌头。国王问他："这又是怎么一回事呢？你说说看。"信使回答说："我的舌头是世上最好的东西。我的舌头是传达爱意的媒介。只有用我的舌头我才能朗诵美丽动人的诗歌。我的舌头让我品尝人间的美味，让我对事物有所选择，使我的身体强壮。我的舌头能让我歌颂上帝，所以它是这世上最好的东西。"

自懂事开始，我们就被教导压抑某部分的自我。从小接受的教育使我们相信自己某些情绪或想法是错误的。关上了通向自我的大门后，我们就开始了与内心阴暗面的斗争。无论是压抑、抵制还是拒绝自我，其实都是在向黑暗的冲动输送养分，促使坏事的发生。我们常被告诫"不要生气、不要自私、不要贪婪"。"不要"这个讯号从小就深烙在我们心中。一旦我们决定了压抑自己的恐惧感、羞耻心或其他类似的情绪，"不要"就开始影响我们的每个行动和选择。

不知你是否意识到，我们常常受制于羞愧、耻辱和困窘等情绪，尽力回避"我不够好"这种观念，并因此感到痛苦。我们把自己的缺点和失败（就像每个普通人的一样）放大，使自己孤立起来，从而无法与内心进行交流。我们用尽全力想抛开这种羞耻感，因为它就像缠绕在脖子上两吨重的铁锚一样，让我们难于呼吸，丧失人生的激情和乐趣。

神学家兼心理学家约翰·布雷萧（John Bradshaw）说过，人们受困于羞耻感。为了避免受困，我们应先区分健康的和

**有害的羞耻感。** 健康的羞耻感可以帮助我们辨认行为是否为人接受；就好比内心的晴雨表，它让我们知道自己的行为是否忠于初衷。它又好比是警钟，当人们背离真实的自我，从阴暗面做出行动和选择，它就会提醒自己。健康的羞耻感使我们产生某些情感和感觉，帮助我们辨别我们是否偏离了常规。它就像内心的罗盘，尽力引导我们朝着自己最大的潜能迈进，并防止我们偏离轨道。我们都会有这样的感觉：知道自己正在做的或者打算做的事情是不合适的。比方说，如果我们酒喝得太多，在餐桌上口齿不清了，这时健康的羞耻感就会警告我们，这样的丑态会令自己在大家面前很难堪；如果与朋友的丈夫走得太近，或者是穿着太暴露，健康的羞耻感就会警告我们，要与他保持距离或者找件衣服遮一下。每个人生来就有这样的反应，如果我们学会辨识它，它就会成为我们的良师益友。

另一方面，有害的羞耻感是内心阴暗面活动的产物。有害的羞耻感进入我们的内心，带来负面的信息，就像自欺欺人的谎言，把我们与真实自我隔离开。生活中每发生一件事情，都会让我们更加地感到自己丑陋、愚蠢和一无是处。当心里储藏了太多的负面信息，我们就会不知不觉地变成"耻辱体"（Shame Body）。耻辱体内蕴藏着从四面八方接收的负面信息，发出这些信息的人可能是有意也可能是无意的，但不管起源如何，都导致内心形成了无数的创口，这些创口在向我们疾呼："小心！""当心！"

我们开始害怕面对那些"审判者"们——父母、老师或牧师，他们拿着道德的利剑跳出来，审判我们的行为。孩提时期，他们斥责我们的笑声太大、太贪玩、吃饭太挑食；当我们陷入困境时就被嘲笑，当我们受到惊吓时就遭取笑；如果我们做了傻事，他们会斥责我们，如果我们惹了麻烦时，他们怨声载道；当我们落后于人，他们会变得怒气冲冲，拉着我们的胳膊硬往上拽；当我们特别开心或是好奇的时候，他们总会泼冷水。因为父母时常觉得我们被宠坏了、变自私了，所以把我们关在房间里，不许外出。父母或其他监护人不经意间打破了我们珍贵的天赋——真实自由地表达自己。

既然我们不再珍视自己，既然真正的自我充满缺点和不被尊重，我们干脆破罐子破摔，认为自己不值得别人来爱和关心，也注定不会成功。羞耻感来源于这样的自我定位：我这个人不怎么样，我不是好人。

对很多人来说，类似"你不是个好人"这样的负面评价伴随着成长的全过程。我们听到过很多来自别人的负面评价，有些人说得婉转，有些人比较直接，有些人大声说，有些人则轻声细语地说。无论用什么方式，这些令人羞耻的信息的危害程度都是一样的。负面信息把恐惧灌输给我们，使耻辱体诞生。耻辱体是一个毫无意义的存在，如同看不见的皮囊包裹在我们身上，里面填满了我们难以消除，也无法吸收的不良信息。这些信息在人们内心建立起这样的概念："我一定是哪里不对劲，我不是个好男孩（好女孩）……我总是惹麻烦，我应该受到惩罚，我不值得……我活该，因为我不是好人。"然后在不知不觉中，我们开始感到如果其他人不惩罚我们，就只好用自我破坏的方式来折磨自己。试想一下，如果我们的内心充斥着这样有害、自贬的想法，那么我们的人生还剩下什么呢？最可怕的是自小受的教育使我们只关注外部世界的一切——钱、成功、快乐、性和衣食住行。大多数人都没有意识到，在我们的潜意识里，有些消极信息一直活跃着，每天如此。

### "你不是好人"

想象一下，10岁以前你总是从周围人身上收到这样的信息："你不是好人"。这句话伴随你的成长，如影随形。成千上万个负面信息反复提醒着你，在你身上留下深深的烙印。即使你是少数的幸运儿，经常被人称赞，一旦偶尔做了一些出格的事情，还是会听到类似"你不是好人"的字眼。你只是一个普通人，这些负面的信息不可避免地会在你心上烙下羞耻的痕迹。这些类似"善意的"劝告我们都听过很多。我们常会听到如下的话语：

"坏女孩，你怎么又把床弄湿了。"
"好女孩不会说这样的话。"
"好男孩从来不撒谎。"
"好女孩不会大声说话。"
"好男孩不会插嘴。"
"好孩子应该多做好事，而不是只会夸夸其谈。"
"只有好女孩和好男孩才能做特别的事情。"
"坏孩子！如果你不把房间整理干净，我就把你的泰迪熊没收。"

"我不想听到你嘀嘀咕咕。"

"男孩子说话不要娘娘腔的。"

"我受不了你了，离我远点。"

这些信息其实是在帮助我们适应环境，使我们更好地与人相处，成为一个端庄的淑女或体面的绅士。然而，"你不是好人"这句话在我们耳边清晰又刺耳地回荡着。

如果和你一起待上几天，我可以用各种消极的措辞来形容你，展示你身上根深蒂固的负面情感，看看它如何作用于你的潜意识，支配你的选择和行为。至今我遇到的人，不管他们的父母是好是坏，使用什么教育方式，都无数次地把这个信息传递给他们。不知你意识到没有，正因为一遍遍地吸收这些负面有害的信息，最终它们开始活在你的内心世界里。

这些负面的信息对我们的影响是潜移默化的。平日你判断一件事情，看起来是以事实为依据，基于他人的立场和言行进行思考，对纷繁复杂的信息进行理性分析，再做出结论。但实际上，人生中的大事情一般都发生在你拥有理性思考的智慧之前。不知不觉中，我们主观地把他人的话语当作事实，倚赖他人的反应来做出决定。这些负面的信息腐蚀了你的灵魂，甚至无意中你塑造了自己的耻辱体。

有害的羞耻感是"我们为什么做坏事，坏事为什么发生在我们身上？"这个问题的根源。它始于我们认为自己不够好的羞愧心，有害的羞耻感最初形成时，我们的灵魂还很稚嫩，是一张白纸。即使我们拥有世上最优秀的父母，每当我们表现差强人意时，还是会不被他们接受。人们发出"你不是好人"

的信息，而我们统统吸收了。

## 隐私引起的羞耻感

说起羞耻感，我们可能都受到过它的伤害。最初这个伤害可能出现在私密的卧房，姐姐诱惑你扮演医生和她发生性行为；可能发生在午夜时分，正当你打算与他人淫乱时，被父亲撞见；可能源自保姆、朋友或母亲对你过度亲密，或是一个叔叔对你的侵犯；可能源自你让妹妹脱下裤子，展示私处给朋友们看；你可能为了满足正常的性欲，把梳子的一端放进了自己的身体，因此惹了祸。最后，你的好奇心和性欲被满足了，但短暂的快乐很快被接踵而来的羞耻感取代，在灵魂和记忆里留下了难以磨灭的伤痕。

在任何一个阶层、社会或经济体制中，不正当的行为极其常见。一般讲来，事情发生时，参与者根本考虑不到事情的严重性。通常在事件中有一个受害者和施害者，此事可能会困扰某一方多年不能释怀，另一方则可能试图将其从记忆中抹去，不把它当作一回事。但不知你是否意识到，如果你刻意把这些难以启齿的隐私压在潜意识中，将来它就更有可能伤害到你。

### 心灵故事

史黛丝·J.是一个8岁的小女孩，在一个混乱的家庭环境长大。平时她与酗酒的母亲、易怒的继父生活在一起，

## 第一部分
### 黑暗和光明的交锋，永无休止

周末她和差劲的生父、虔诚的基督教徒的祖母一起度过。她经常不经意地听到妈妈和继父做爱的声音，事实上，当她第一次听到这种鱼水交欢的声音就被吸引，她的羞耻心被扭曲，受到冲击，备受煎熬。在她幼小未定型的灵魂深处，有一个声音告诉她：你不应该看，也不应该听你父母做爱。

接下来一系列的事情使她在性方面产生更复杂的羞耻感。她开始偷看《花花公子》等色情刊物，她发现父母的透明内裤，她被邻居性骚扰，被某个叔叔强吻。这些错误的性观念和不道德的边缘性行为不断积累，使得这个性格文静、乖巧的美国中西部小女孩充满了羞耻感，她的羞耻感就像慢火煮的满锅水，到一定火候终究会沸腾溢出。

这个时刻终于来到，一个阴沉的星期天早晨，只有8岁大的史黛丝周末住在祖母家，很巧的，那天早上她没有去教堂。这是十分罕有的情况，整间屋子没有了大人的监视。只剩她一个人的时候，她突然产生了一个冲动，想脱下裤子把屁股对着祖母家的落地窗。这个想法让她很兴奋。于是，就在这个礼拜日，在某个普通的社区里，在爸爸们割草、妈妈们做园艺、孩子们嬉戏的这样一个平凡的早晨，史黛丝野性的念头闪过脑际。她缓缓地脱下裤子，把背对着落地窗，用屁股摩擦着玻璃。但几分钟后，她略带顽皮的幸福时刻结束了，迎来了她充满羞耻的童年。因为她的祖母、姐姐、爸爸及女友从教堂回来了，他们的车停在路边，正巧对着窗户。而第一个看到她赤裸的屁股的，就是她虔诚的祖母。

紧接着发生了很多事，先是史黛丝立刻躲到了门后，然后爸爸把她揪出来，用皮带抽打她光溜溜的屁股，然后把她关在客房一整天，最后还打算把整件事情告诉她妈妈，让妈妈进一步惩罚她。但对她伤害最大的，还是由此形成的羞耻感。自那天起，她相信自己是不正常的、带着不可磨灭污点的奇怪孩子。这个观念融入了她的灵魂。所以，当史黛丝还是8岁大的小女孩时，她在性方面的羞耻感已成为她最大的问题，甚至阻碍了她人生的发展。

后来，她在青春期时被家庭成员性虐待；稍微长大后，她有过很多的性伴侣（常常是在酒精和药物的影响下），还曾三次堕胎。就这样，她成为一个体重超过70磅的妇女，长期单身，深受性生活糜烂之苦，而这一切都源于她幼年时期产生的羞耻感。

## 把羞耻感释放出来

羞耻感作祟的事例充斥在我们身边，从杂志封面到电视节目比比皆是。从24小时滚动的新闻到小道消息，媒体上演绎与羞耻有关的事情，这已经是不足为奇了。

我们不能仅停留在收看电视报道、听广播或在杂货店排队时闲聊别人的丑事上，而要进一步探索自己记忆中荒谬惨痛的失败，以及在公众面前丢脸的往事。审判转播、真人秀（特别是有竞技、淘汰的比赛）、肥皂剧和谈话类节目都可以带来心理上的慰藉，因为这些事情不是发生在我们身上，我们可以对其做出人性的评价和审判，并将自己内心的情绪发泄出来。我们怀着高人一等、轻蔑和同情糅合在一起的复杂心情，发出这样的评论:"这些人都在想什么呢?!""真是个被宠坏的孩子!""活该!""他怎么这么傻?!""真可怜。""那么多钱啊。""她真是不懂人情世故啊!"……当省视自己的时候,我们可能会说:"当然,我也有些问题。但至少我还没有那么坏!"当我们窥视了他人的隐私,看到别人犯错被揭露时,看到那些在镁光灯照射下的失败的人时,或多或少缓解了自己的情感上的痛苦。在媒体操纵消费的商业文化背景下,媒体不得不播放一些人们羞于启齿的事物,引起人们共鸣,否则很难生存。广告界有句老话"性是卖点",这句话则可能被"耻辱是卖点"所取代。这并不奇怪,与羞耻相关的节目内容受欢迎是因为每个人内心活动都有羞耻感,这些信息已经成为我们的一部分了。

## 羞耻感是内心的毒素

人格常走在思维的前面,告诉我们可以去哪里,可以和谁在一起,到了某个地方大概会发生什么事情,等等。大多数人不知道,如果没有了人格系统,生活将会怎样;我们也不知道当超越了自己的羞耻心和恐惧感,生活将变得怎样。也许每个人的表现形式不同,但羞耻感和恐惧一直存在于我们的内心,甚至变成人际交流中的一部分。我们都曾深受自己拙劣的社交技巧的影响,不经意间接受了这样的观念:如果我们表现得不够讨巧,人们就会认为我们不是好人。虽然我们意识不到也看不到内心的活动,但随着各类外界信息的进入,羞耻感在后台运作着,为自我怀疑和恐惧感推波助澜。

## 好人为什么想做坏事
### Why Good People Do Bad Things

年轻的时候,我们相信世界大门为自己打开,可以做任何想做的事情。那时候我们初生牛犊不畏虎,朝着自己的希望和梦想前进。年轻人拥有很大的力量和潜力,这种力量抑制了潜意识中虚假的自我。那时我们并不完全相信失败的经历会带来负面的影响,会阻碍我们奋斗和实现梦想。某种程度上说,这个阶段我们的人格还未健全。但是当经历了无数次的失败和痛苦后,我们不再拥有年轻时无畏无惧的精神动力。当失望和痛苦累积到一定程度,我们不再认为一切事情都有可能,内心开始接受被限制的、羞耻的、损坏了的自我。我们抛弃了年轻时天真的想法,进入人生的另一阶段。在这个阶段中,生活要求我们汲取过去的教训,评估和分析自己的行为,这样我们才能完整地发挥自己的才能,成为一个健康和成功的人。

多年来形成的羞耻感可能已让你相信:你不是好人,不仅毫无价值、愚蠢、一事无成,而且还自私、软弱、虚伪等。羞耻感潜移默化地把你定位成这样的人,当面对周遭的环境、人群和各种事情时,你也会不自觉地产生羞耻感。更糟糕的是,有时候你会不自觉地做出某些坏的举动,来印证内心深处的想法。同时,你为了证实自己的看法,有时甚至连自己在做什么都看不清楚,而事后这些行为的后果让你羞愧难当,备受折磨。

在生活中人们总是遵从着自己的信念(尤其是那些潜意识里流露出来的信念),不自觉地寻找或创造符合自己信念的环境和事物。当人们的信念里包含自我伤害的因素时,坏事就会发生了。人们的破坏性行为影响了外部环境,而外部环境又反过来通过各种方式向我们证实自己的确不够"好"。因此，也许几十年前撒的一次谎都在我们心里被固化、铭刻下来，时时被想起。

每个人都通过外部的世界来了解自己的内心。因为外在条件的触发，无意间我们的羞耻感被表现出来，从而引发了自我毁损的行为，做出些令人痛苦不堪的事情。要想了解好人为什么做坏事，我们为什么成为自己最大的敌人，就需要认识到内心的运作过程中，包含有一定的破坏性情绪。

破坏性情绪就好比电脑里的病毒，将生活中美好的东西不断吞噬抹杀。一旦破坏性情绪在我们内心运行着，就像入侵的病毒，有害的信息就会向外部世界传出。破坏性情绪可能被隐藏得很深或者伪装起来，不为意识所觉察，但它们会产生一股力量，这股力量驱使我们在生活中做出各类事情，来为自己的羞耻心辩护。当人们认定自己是失败的，就会下意识地寻求失败的经历，来印证自己的信念。当有一天觉醒过来，人们一定会震惊于生活里发生的是是非非。其实一切很简单，在我们的内心中有一种能力，那是唯一的一种可以将我们的信念变为事实的能力。

羞耻感是自我伤害和自我惩罚的根源。因为我们觉得自己很糟糕，觉得自己不配得到成功、名誉、尊重、快乐和爱慕；害怕自己会一无所有，担心自己得不到认同或爱，缺乏归属感，这样的想法驱使我们做出破坏行为。当觉得人生没有价值，也不配得到美好的事物时，人们会有意无意地做出惩罚自己的事情。这是人生经历中的一部分。

无论给世人展现的是自己的哪一面，每个人心里都清楚自己不是一个完美的人。我们最了解关上房门后自己的所作所为，最清楚自己的过去。我们知道表面下，自己也不是那么好的一个人，所以在生活中做出一些坏事来提醒自己并告诉他人：我也只是生活一团糟的平凡人。当我们觉得自己与其他人相比不够幸运、不够迷人、不够有教养、不够有才华或不被人需要时，我们就会惩罚自己。同样，不论何时何地，当我们知道自己比周围的人更有头脑、更漂亮、更具创意、更有钱、更加幸运或者更有才华，我们也会不知所措，往往会做出使自己"倒台"的丑事。这是为什么呢？因为不仅是我们坏的一面有羞耻感，我们好的一面也会感到害臊，非常担心自己一下子变得伟大。这就是我们的本性：为缺失的感到羞耻，为拥有的感到害臊。即使我们获得了某种程度的成功，比如得到他人的爱、发了点财、受人尊重等，如果不能治愈内心的羞耻感，坦然接受自己的过去，我们还是会不断惩罚自己。

一旦了解以上这些，你就可以学会放开内心有害的情绪，也不需要再为自己感到羞耻。为了解开这个心结，你首先必须认识到羞耻感的成因，承认它的存在。因为，当你忽略羞耻感时，你才会受到伤害，有害的情绪才会潜伏在不易察觉之处。

## 5

## 恐惧，浇灌有毒情感

> 我们害怕得不到其他人的爱和赞同，害怕自己不够优秀，害怕迷惘迷失、功败垂成、感情受创、孤单冷清和当众出丑，这类恐惧心理可以激起有毒的情感，使我们屈服就范。

当人们为自己的性格或行为感到羞耻，就自然地会在内心建起一面"墙壁"，包藏起自己的羞耻心，与外界隔绝。我们害怕如果把真实的自己完全表露出来，就可能会得不到他人的爱或赞同，于是只好把真实的自我掩盖起来，尽管这样做很痛苦。

人人都有这种原始的胆怯。我们由外而内地省视自己，非常希望有所归属，却担心自己不够优秀而无法成为人群中的一员。**人们害怕自己被贴上"害群之马"、"不合格"的标签，盼望受欢迎、被尊重、渴望被认同、有归属感。**大多数人都希望入选社团、被学校邀请主持毕业舞会、被评为最受欢迎的人；希望成为妈妈眼中最乖的男孩、爸爸最疼的女儿。我们不愿意让其他人知道诸如爸爸失业了、哥哥入狱了、妈妈酗酒了等这类负面信息。我们不希望自己与大多数人不同，例如，不希望自己是班里唯一的犹太教家庭的孩子，不希望是生活在白人社区里唯一的墨西哥家庭，不想成为世上唯一的同性恋。我们需要归属感，想被别人关注，想融入社会和被人需要，想要被人喜爱和接受，否则我们就感到羞耻和不安。

由于内心深处的羞耻感，我们不敢完全真实地表达自己，怕得不到他人的爱和认同。羞耻感起因于这样的想法：真实的自己是有缺陷的。恐惧是人们做出坏事的主要心理动机之一。我们害怕自己不被赏识、不被关注或不够特别，害怕失败、失控或犯错，害怕被伤害，怕内心的想法被发现，怕自己不能融入周遭环境，怕自己的东西被他人占有。恐惧使我们心门紧闭，不顾可能会伤害自己的危险，去争夺自认为需要的事物。藏在内心的恐惧不但燃起了破坏性动机，还引发了有害的情感：痛苦、绝望、悲伤、愤怒、嫉妒和仇恨。

当人们发现了自己的阴暗冲动和缺点，就会感到深深地不安。我们担心羞耻感传递的信息是真的，所以继续掩饰自己的缺点，我们怕暴露缺陷会使自己受到伤害。然而，如果我们一直生活在担心和恐惧中，就会丧失很多与生俱来的权利，比如自信心、自由表达权、寻求帮助的权利、冒险尝试的权利和使自己的欲望得到满足的权利。

如果内心没有恐惧，就不会有羞耻感，就不会形成受伤的自我，更不会形成虚假的自我。出于恐惧，我们压抑着人性本能的冲动，比如性冲动、嫉妒和自私。害怕的声音警告我们，如果真实表达自我，就会遭到排斥、否认和抛弃。我们把真实的自己（光明和黑暗两面）隔离并隐藏起来，性格因此变得胆小怯弱。我们怕自己因不完美而被取笑，害怕有人发现自己的反常、不足和缺陷，使自己蒙羞。每当收起阴暗面，我们的确不再感到那么害怕。通过隔离某部分自我，带着对其的蔑视，我们下决心将自己的缺陷掩盖起来。我们假装与那些行为不当、举止怪异的人不是同类。为了适应环境，被人接纳和认同，我们开始隐藏部分的自我。但如此一来，人性的完整被否定了。由于恐惧，人们某些原始的情感被剥夺了表达的权利，渐渐开始溃烂、化脓，乃至毒害全身。

人们常常低估了恐惧心理的影响，其实它普遍存在于社会各个阶层，有时甚至以十分极端的形式表现出来。例如，每个城市的街道或是郊区都有一些社会底层的人，他们当中有不少人出于恐惧做出坏事，毁掉了自己的人生。当恐惧和其他负面的情感越积越多，破坏性事件就会破壳而出。恐惧是一种非常活跃的情感，它集结了有毒的情感，随时准备爆发，促使人们堕入毁灭的深渊。

恐惧在我们的心里扎根，打破了内心的平衡。恐惧为负面情感提供养料，一旦人们失去警觉，苦心经营的生活就会遭到破坏。迷惘迷失、功败垂成、感情受创、孤单冷清、无人爱慕、被人拒绝或抛弃、当众出丑和谋生困难，这类恐惧心理可以激起有毒的负面情感，使我们屈服就范。

当有毒的情感找不到恰当的宣泄途径，问题就产生了。我们的情绪当然有起有落，有些容易消化，有些却难以承受。要了解情感恰当的表达方式，你只需要观察初生的宝宝。宝宝们能够在极短的时间内表达所有的情感：这一刻宝宝还是很平静的，下一刻他就会尖叫着想引起大人的关注，再下一刻他伤心得痛哭流涕，然后很快又恢复了平静。短短不到一分钟内，他们能够自由表达人类许多的基本情感，比如愤怒、伤心、疼痛、害怕等，我们称其为有毒的情感。事实上，表达情感是我们日常交流的必要方式。这些情感是动态存在的，蕴涵着能量，寻求发泄途径。当我们还是婴儿或孩童时，我们通过非语言的方式表达这些情感；当我们长大成年，就开始有意无意地压抑或控制它们，而不再自由表达自己的情感，导致了难以解开的心结。但被压抑的有毒的情感一旦表现出来，往往就是通过自我伤害的极端方式。

成年人的情感控制系统就像一位导师，告诉我们什么情感是好的，什么是不好的。我们的有毒情感（包括最具破坏力的情感）总是引导我们趋向错误的自我认知，打破内心的完整性。原本，它们意在提醒人们有毒的事物侵扰了健康的本性，或者告诉人们内心出现了什么问题。但是人们如果没有注意到这种提醒，或不愿意去关注它们，那么有毒的情感就可能集结起来，构成威胁。与此同时，健康有益的情感也受到压抑，变得像是有害的。就好比火山熔岩，有毒的情感潜伏在意识深处，如果一直不闻不问，就可能突然间爆发，以某种破坏性的方式表现出来。备受压抑的负面情感阻碍了思考过程，误导了人们的判断力。于是负面的想法引发我们的有毒情感，有毒的情感反过来又感染了我们的思想，这样一来，我们就置身于一个破坏性心理循环，它不断吸收能量，最终必将爆发。

每个破坏性行为背后，都有着一个或多个有害的情感组织。只要人们有足够的勇气去认清使自己失去控制、做出坏事的这些情感,就能找到问题的根源,消除生活中的隐患。我们只有在接受这些情感后,才能有效地解除"武装",松开对它们的压制。然后,我们才能借助情感的能力,运用它的力量。

### 有毒的情感 1：伤痛

在我们内心被压抑的、未痊愈的伤痛会变成有毒的情感,促使好人做坏事。这是一种作用于人们的内心,却被低估的自我伤害的力量。大多数人都可以记起自己在什么时候、什么情形下受过伤害。我们都曾被那些说出口或未曾说的话伤害,都曾为某些发生了或没有发生的事受伤。我们自己也许都没有意识到,是这些伤痛塑造了自己的个性和品行。

我曾辅导过许多人,帮助他们从复杂的情感困扰中解脱出来。无论他们是公司的首席执行官、职业运动员、全职妈妈还是行政助理,当拨开外表的层层包裹,看到他们有害的信念、不良习惯和不当行为时,我发现他们内心的伤痕从未被完全地了解、照顾和治愈。在他们有害的情绪（如羞耻感、恐惧、绝望、悲伤、愤怒、仇恨等）下包藏的总是一个或数个伤口。

当人们受伤时,往往会再去伤害他人。如果人们被欺骗、受批评、被拒绝,会自然地将同样的伤害转嫁给他人,似乎这样一来,人们就能减轻痛苦。大量案例显示,那些受过性侵犯的孩子,长大后也会用相同的方式转移自己所受的侵害,试图以此减轻自己的痛苦。

大多数人都有这样的经验：受伤后用纱布包扎伤口，然后把注意力转移开，放在其他事情上，希望借此忘记疼痛。爱情、家庭、友谊、事业、旅游和日常琐事都能够使我们分心，但有些伤痛不会因为时间的流逝而治愈。伤痛往往蕴涵着很多教训，只有勇敢地回顾它，从中汲取经验，才能吃一堑长一智。大多数时候,没有化解的伤痛虽受到潜意识的压制，但仍然很活跃，像装有自动跟踪装置的导弹能够锁定目标一样，瞄准内心的薄弱点。没有化解的伤痛是引起人们冲动的根本原因，当人们不敢面对伤害事件，伤害就会加剧，变得更加复杂，而使我们进一步伤害自己和他人。

恐惧使得伤痛加剧的方式非常普遍和隐蔽，大多数人甚至没有察觉变化已经发生。恐惧令我们"期待"更多的伤痛，幸灾乐祸地希望别人财产受损；恐惧使我们狂妄自大，得不到真情。伤痛被恐惧强化后，将再次伤害我们，酝酿无数的有毒情绪。不被关注的伤痛是循环往复的，将造成进一步的破坏性行为。

## 有毒的情感2：绝望

恐惧与听天由命组合起来，就是绝望的精神状态，绝望让我们不再相信自己有能力创造有意义的人生。绝望剥夺了我们的自信心，我们看不到眼前的机会和转机，感到没有希望只有伤痕累累的自我。绝望让我们做出自我毁灭和不可理喻的行为，因为失去了希望，我们不再关心行为的后果如何。绝望的人拿起枪射杀路人，被一系列阴暗的冲动驱使，他们往往只有短暂的清醒。瘾君子、走私犯和杀人犯之所以犯罪或施行暴力都是起因于绝望。绝望之所以危险，是因为人们在它怂恿下犯下罪行，却全然不觉得有愧。我们通过伤害自己和他人的方式，寻找暂时的心理平衡，不至被自己的绝望淹没。

如果停下脚步省视自己的人生，就能看到某一时刻我们放弃了自己，觉得自己一无是处、毫无价值和注定失败。某一时刻我们抛弃了理想，丧失了信心，我们妻离子散、名誉扫地、身无分文和失去目标。如果不及时调整心态面对绝望，那么我们还将继续出卖灵魂、正义和尊严。

## 有毒的情感3：悲伤

有益的悲伤是我们必需的情感。每个人都可能遇到人生的失意，悲伤帮助我们完成从伤心到接受现实，并最终从失望中走出来这一过程。更深一层地说，悲伤掺杂着哀痛，使我们能够凭吊失去的东西。但如果我们因此被击垮，无法承受这样的失去，悲伤就会蒙蔽我们的视线，关上我们的心门。压抑的悲伤就像浓雾，阻隔我们接受和给予爱，让我们得不到祝福，无法享受生活的美好。

当悲伤和恐惧结合起来，我们便难以重新获得快乐，精神世界也不再完整，悲伤更使我们堕入自怨自艾的深渊。恐惧把人们纯粹的悲伤本性转变为自我放纵，加上对自己失败和损失的短视，人们沉迷于自己的世界不能自拔。有毒的悲伤侵犯了人们感情上的安宁，螺旋式地把人们拖入沮丧和失望的陷阱。

悲伤的人相信自己是坏人，把心痛的往事归咎自己。虽然这种情绪不太可能使我们去伤害他人，但肯定会引发自我伤害。有害的悲伤使我们做出如自杀等自我伤害行为。悲伤的人酗酒、贪吃、赌博、挥霍或者沉溺于其他能够上瘾的事物中，以期借此转移自己的痛苦。目前的统计显示，仅在美国就有超过1 800万人正在接受药物的治疗，以对抗他们悲伤的心理，他们试图把自己拉出悲伤的黑洞。这些治疗对于内心的作用，就像一片邦迪对伤口的作用。这些治疗仅可以转移我们的注意力，直到某些自我伤害的导火线引爆，而不能够提供一个排遣有害情感的出口。当我们拒绝消化悲伤，那么它将吞噬我们的活力、能量，甚至是生命。

## 有毒的情感4：愤怒

大多数人都生活在充满愤怒的环境中，但愤怒常常被我们压制着得不到排解。虽然我们不太可能冲着孩子骂脏话，或是击墙来发泄，但是愤怒会披上种种令人惊异的面具表现出来——从公然的敌意到对他人的不耐烦。

有益的愤怒让我们得以自由掌握自己的力量。它能让我们表明领地，保护自己以及他人。愤怒能刺激我们适当时候采取行动，表达自己的观点。当受到伤害、被辱骂、利用、背叛和欺骗，生气是自然而正常的反应。但当愤怒得不到排遣和疏通，毁灭性的爆发就会突然发生了。我们内心就好像有个声音在大喊："我要做想做的事情，我想什么时候做就什么时候做！"失控的愤怒就像火药一触即发，颠覆我们一贯的作风，让我们在盛怒之下行事鲁莽，不计后果甚至虐待自己爱的人。

当人们害怕时，愤怒是本能的反应，作为防御机制可以恫吓危险，就像老虎张牙舞爪一样。但是太多的恐惧再混入羞耻心，有益的愤怒就会变成对我们具毁灭性的武器，而不是自我保护的工具。恐惧是一个活跃分子，可以诱使愤怒爆发。害怕得不到满足、害怕被利用、害怕背叛或者被羞辱，都使愤怒找到发泄的目标。

愤怒最温和的表现方式包括做事拖拖拉拉、挖苦讽刺、说闲话、对身边的人评头论足和闷闷不乐。相对比较危险的方式来说，愤怒可以使怨恨加剧，变为怀恨在心，烦躁转变为当街发作，变成公开的暴力行为。至于最具破坏性的愤怒，时常不为人察觉就毁了我们，使人生终结在痛苦当中。

### 有毒的情感 5：嫉妒

嫉妒是我们内心的不安反映在外的投影。当感到不为人需要，不值得别人爱或不够特别，害怕失去属于自己（有时候是自认为属于自己）的事物，嫉妒就会像内心点燃的火苗，一下子就能熊熊燃烧，喷出仇恨的火焰，造成人们暂时的精神混乱，驱使好人做出各种坏事。英国心理学家哈弗洛克·埃里斯（Havelock Ellis）在论文中谈到："对于人生也好两性关系也好，嫉妒就好比是邪恶的巨龙，貌似为了延续人生中的爱而产生，但事实却是将爱扼杀了。"嫉妒可以在瞬间摧毁生活中一切运转正常的事物。

害怕自己没有才能、爱和财产，原本隐藏的嫉妒情感会因此浮出水面。当别人拥有我们认为本该属于自己的东西时，我们就会嫉妒；当我们觉得再也得不到梦寐以求的东西时，也会感到嫉妒；当我们认定自己能力不足却还想有所发展时，会感到嫉妒；当我们周围的人更有才能、能力和得到更多机会时，也会感到嫉妒。对于嫉妒的人来说，感到自己不如他人是致命伤。当一再感到这一切是受到不公平待遇所致，我们就不再压抑自己的嫉妒心，而是重磅出击开始报复。嫉妒和愤怒酿成内心的苦酒，表现为冷漠、吝啬、挑剔和卑鄙。

嫉妒能使好人做出可怕的事情，比如丈夫殴打妻子，爱人之间相互鄙视，破坏财务和陷害他人。原本应该是极易解决的家庭纷争，可能持续多年而没有缓解；公司里善妒的雇员设计出电脑病毒或者把文档乱放——他们嫉妒别人拥有自己没有的东西。

嫉妒又被形容为"灵魂上的溃疡"。被嫉妒侵蚀和弱化的情感腐化人们的自尊，将自卑感转嫁到受害者心里。每个人都曾被嫉妒激怒和控制过，并领教过它迅速把人变成自己最大敌人的力量。

## 有毒的情感 6：憎恨

憎恨是一种相当强烈的情感，无论如何掩饰，都极易为人辨识。憎恨常通过卑鄙行为、报复、种族歧视或是其他敌意的方式表现出来，是愤怒、恐惧和否定等负面情绪的衍生产物。憎恨通常由过往被虐待或被忽视的事件引起，慢慢转变为一种针对其他人的无法化解的情感。

憎恨是一种极端的情感，完全由恐惧主宰。失控的恐惧驱使着憎恨不断加剧，扩大了其危害：闲言碎语变为了毁谤中伤，回避变成了怠慢，批评转化为诋毁，不喜欢转化为厌恶，生气升级为震怒，恐吓演化为暴力，恶意升级为残酷。

憎恨旨在去除恨的对象。从表面来看，它不断朝憎恨对象灌输恐惧，即便那个憎恨的对象就是自己。自我仇恨是永不停止的恶性循环。有些人试图通过自我沉溺来终止痛苦，比如沉迷于戏剧、毒品、酒精、食物等诸如此类的事物。但是，人们越是沉迷，越会憎恨自己或其他人。

憎恨自己或他人使我们举步维艰，难以靠近成功。憎恨是战争、犯罪、拉帮结派、肆意破坏和奴役他人的罪魁祸首。在我看来，憎恨剥夺了我们的自尊、优势、力量，还有人人都渴求的爱。

### 有毒情感因素的破坏力

正如人们看到的，当有毒情感被恐惧填满，因压抑而堵塞后，就像是混合爆炸物，随时可能摧毁人们的生活。当人们不去表达真实感受和感情，就会被恐惧心理俘虏。人们往往还没意识到蕴藏中的危机，危机就已变成了事实，造成伤害。

## 心灵故事

### 山姆·S.的故事

山姆·S.是一个32岁的军人。早年一直被人忽视、辱打,这给他造成很深的伤害。因为从小父母教育他"男孩不哭",山姆不轻易表露他的情感,变得严肃而刻板。他为了实现自己的梦想,仔细计划每一天、每一周、每一个月。他很小的时候就知道自己要娶什么样的人为妻,后来他看中一个符合他要求的完美的女人,她的家人为他们举办了一场完美的婚礼。几个月后,一切如期进行,他的妻子怀孕了,他们俩在一起建起一个完美的家庭。

星期天,山姆和美丽的妻子莎拉总是先去教堂礼拜,一起度过余下的家庭时间。他们一直保持在傍晚6:45吃晚餐的习惯,即便有突发事件,也不会改变。生活中的一切都尽如山姆的安排在有条不紊地进行,让他感到秩序井然、十分自在。但有一天,莎拉再也忍受不了被他控制行为,她的内心被突发的愤怒占据,开始寻求摆脱这种痛苦的方法。因此,很快她就与邻居家的丈夫有染。几个月后的一天,山姆因为有点不适提前回家,却在自家的床上发现了莎拉和她的情人。山姆一下子失控,几乎把邻居打死,当然他也因此被捕,判处蓄意谋杀罪。在一瞬间,山姆完美的生活被毁了。当苦心经营的外部的世界失控,他内心的世界也土崩瓦解。他那些有害的情感在愤怒中一触即发。这个受人喜爱的美国男人的事迹震惊了他的朋友、家庭和同事。没有人曾料想又一个好人做了坏事。

**心灵故事**

### 詹姆士·A.的故事

詹姆士·A.曾是个受人尊敬的牙医,还是一个非营利组织的热心会员。在他成长的家庭里,爸爸经常斥责妈妈,对待他妈妈非常无礼,羞辱她和打她。虽然想帮助他妈妈,但詹姆士感到无能为力,带着负罪感和悔恨,他开始每天暴打自己发泄。他恨自己不够勇敢,不能站出来保护自己的妈妈,面对他的爸爸。他处理这个情形的唯一方法就是使自己的内心变得麻木。终于这些绝望的情绪经过多年的抑制,导致他沉迷色情画报,并奸淫12岁的幼女。就在他当选为一个著名的慈善组织的董事的同一周里,警察以强奸儿童罪的名义拘捕他,才揭露了长期以来他变态的性取向。他的双重生活被曝光,家庭被拆散了,他辛苦努力奋斗换来的一切都丧失了。在詹姆士的案例中,他通过色情画报排遣心中的情感,也因此堕落。所以有害的情感总能找到一个释放出口。

羞耻心藏起恐惧并为它戴上面具,所以没有人能看清真实的自己。另外,如果处理不好恐惧心理,那么总有一天它会反过来"处理"我们。到那时,原本不为人知的"真实自我"就会昭然于世。

## 6

## 痛苦深处,自我"受伤"了

> 最初我们都拥有健全的自我,健全自我的天性高尚、纯粹,但是,当人们面对无法逾越的苦难,当人们经历的痛苦太过深重,已经超出了负荷能力,受伤的自我诞生了!

一般来说,人们的自我意识并非属于阴暗面,通过健全的自我意识,人们可以维持日常生活的正常运转。实际上,如果缺乏健全的自我意识,人们甚至无法区分自己与其他人,如同行尸走肉。很多人觉得一个精神境界高的人应当做到无我,但其实,如果将自我意识善加理解和运用,就可以帮助我们在人生旅途上发挥自己的才能和天赋。健康的自我意识能使人们勇于表达自己的观点,使人们与众不同,使人们清晰客观地看待自己。**自我意识能够界定我们独一无二的思想,帮助区分"我"和"非我"之间的差别。**自我意识使我们感受到,自己是作为一个独立的个体存在于这个世界的。

拥有健全的自我意识,我们热爱生活,自我意识成为生活的指挥官。自我意识守卫着我们的生命,为我们充电,展示我们独到的见解。同时，自我意识需要人们内心高尚的觉悟给予其关爱和督导，这样它才能发挥作用，帮助人们创造有意义而完满的生活。但是如果自我意识受损、受伤，从完整的自我中分离，它就不能再正常运转。这样一来，它不但不会再对人们有益，还会变得有害，需要人们的监控。当自我意识被扭曲，渐渐失去辨识能力时，它就会成为毁灭生活的主要力量。

## 受伤意识的形成和入侵

你可能会想，健全的自我意识怎么会受到损伤并被扭曲呢？真实的情况是，当被打骂、受愚弄或被抛弃等情形发生时，受伤的自我就诞生了。这个世界每天都发生着成千上万的令人难以承受的事件，损害了人们健康的自我。换句话说，当人们经历的痛苦太过深重，已经超出了负荷能力，原本健全而完整的自我就会分裂出一个受伤了的自我——这就是受伤的自我意识产生的过程。

健康的自我意识总是在努力抛开受伤的部分，试图把受伤的自我赶到视线外，掩耳盗铃般地期望它们会就此消失。我们认为如果把自己的不安、错误、羞耻和伤口隐藏得够深，没有人能够发现这些丑陋的事实，甚至连自己都不能发现就安全了。这就是完整的自我逐步分裂的过程。下面我们来看一个例子。

### 心灵故事

有个人考上了一所商科学校,梦想在某个领域有所建树,成为全球财富 500 强公司的领导人。他在班上表现优异,努力学习如何进行商战辩论,通读所有最新最富创意的商业技巧,以成功人士、行业佼佼者为榜样。毕业以后,他得到了一份很不错的工作,在一家财富 500 强企业上班,开始攀爬职业的阶梯。

有一天,他发现还有很多目标相同的人朝着事业的顶峰努力奋斗(自我意识总是对竞争很敏感),他开始变得焦躁不安了。健全的自我意识受到"没有成功条件"想法的威胁。这个念头引发了他某些隐藏的自卑感,觉得自己并不比其他人聪明。突然他觉得自己不能按兵不动,还像往常那样处理工作。就像别人说的,必须严阵以待。他开始收集怎么往上爬的信息,基于害怕和自卑做出与以前截然不同的决定。他开始与自己不太喜欢的人套近乎;他发现稍微夸大成绩,会让上司更加赏识;他认为"借用"一下别人的主意并声称是自己原创的,会得到更快的晋升。

虽然他可能对自己的所作所为也有点不太舒服,但却寻找各种借口和托辞自圆其说,无意间他就迈上了自我伤害的道路。内心悄悄对他耳语:"不要这样做。你确定可以这样做吗?"但在经年累月内心的挣扎后,最终他完全放弃了自省,那些耳语也慢慢消失了,永远被埋葬了。于是,受伤的自我意识入侵健全的自我意识,宣布自己的领地。

当察觉到被修正的危险，受伤的自我意识会自动寻找令主人分心的方法，努力地保卫自己的领地。这个领地就是你能够感知的一切。虽然开始时，它只占有我们部分的感知，但却擅于欺骗，渐渐地，真实的自我被受损的自我包裹起来，使人难以区分，慢慢地感受不到健全的自我了。即便有时你想做出高风亮节的选择，但难以与受伤的自我意识发出的声音抗衡。更有可能，你会选择听从受伤的自我意识，因为你的内心早已受到了很大的伤害，它也是你唯一能听到的声音。受伤的自我意识在大声地疾呼：

我怎么知道？

我谁也不相信。

没有人会为我着想。

这是个弱肉强食的世界。

打垮他！我所有的一切都是辛苦努力换来的。

天下没有免费的午餐。

在人生中只有两件事是可以不变的：死亡和税赋。

我以前也被伤害过，我也无能为力。

没有人能体会我的痛苦。

他们不关心我的感受。

这样不会有所不同的。

我想怎样就怎样。

都是些什么东西啊！

我还不像他们那么恶心。

知道我有多辛苦么。

这样对我没有用的。

他们是自作自受。

他们都是白痴,我不需要听他们的话。

这是我应得的。

受伤的自我反复发出大声的呻吟,把人们高尚一面的声音淹没,使人们忽视自己好的一面。人们因此关上了聆听完整思想的大门,专注于错误的想法。当自我意识受伤,人们再也不愿听见伤害以外的声音。这就是受损自我意识的防御原理。受伤的自我意识搜寻并制造出与它的信仰相符的事实、环境和情形。它不惜一切地保护自己,隔绝一切能够让它感到自卑和伤痛的可能性。

当受伤的意识接管了内心世界,自我意识就变得危险和失控。人们一旦受伤,就会失去区分事实和假想的能力。于是,自我保护机制启动了。受伤的自我意识成功遮盖了人们高尚的本性,使人与自我的侧面隔绝,开始主宰和编排人们的生活,乃至整个人生。傲慢自大是受伤自我意识主要的防御手段,也最终导致自我意识的衰败。傲慢自大告诉人们:"我越来越聪慧能干,条条框框的规矩不适合我。我可以为所欲为,别人也看不出来。"它貌似义正词严:"没有人能教我做什么!"有时更过火,它会对你耳语谗言说:"没有人会知道,没有人发现的。"

如果受伤的自我主宰了生活,那么外部世界只有在迎合它的需要时,才使它感到舒畅自在。外部世界一旦不迎合它的需求,受伤的自我意识就会将其看成需要解决的问题或障碍。它没有看到自己只是整体灵魂的一部分，而只看到自己还没有得到的东西。狭隘的受伤的自我意识让人们观察不到内心的全局，只感到自己孤独而渺小，被社会所弃。受伤的自我不顾一切地抢夺控制权，把自己当作人生舞台上的明星。突然间，人们被内心受伤的、有缺陷的那个自我控制了。像一个毒瘤，受伤的自我意识全面入侵，内心的战争打响了。

## 自我意识渴求认同

当受伤的自我意识引起痛苦，我们将背离自己的本性。我们会与人为恶，通过与他人的战争使自己强大和安全；我们伪装自己，让自己看起来更好、更有才华，与芸芸众生不同；我们发疯一样在原地打转，全力美化自己的外表，以为这样做能得到渴求的爱、赞同和承认；有意无意间，我们刻意粉饰自己的表现和行为，以图给人留下好印象，让别人肃然起敬。我们的行为就是为了满足内心的渴望。当人们的精神由受伤的自我意识托管，就会在它的命令下找寻所需的精神食粮（比如感情刺激）。受伤自我的精神食粮就是爱、承认、恭维、尊敬和其他任何能够令它感到舒畅的事物。

### 生活实例

米希尔·B.曾经是一个有才华的建筑设计师，师从一位美国中西部的著名建筑师。一次她与老板吵架后失业了，但她还想在名片上保持她原来的头衔。因为如果不这样做，她怕会因此找不到新的工作。她抱着侥幸的心理，以为没人能识破她，于是一次又一次地撒谎，承接一些她一无所知的项目。最后，因浪费了很多房主成千上万美元，她5次被送上法庭审判。

这个事例证明当失去了好伙伴——健康的自我，自我意识总是感到不完整、有缺憾。我们开始不断评价自己做得如何，并与他人相比较，在人生这个战场上战况如何。受伤的自我喜欢把自己与他人相比较，以保持良好的自我感觉：我更漂亮、更聪明、更性感、更苗条、更富有、更有学识或更有能力。出于内心的不安，受伤的自我总是渴望自己看来比他人优越。

我们不惜一切代价来获得褒奖，贪得无厌地索求更多、更好及与众不同。受伤的自我就像寄生虫一样持续吞噬宿主，最终导致自我毁灭。自我意识受伤的深浅，决定了它为适应环境而希望得到认同的程度。受伤的自我总令人感到自己先天不足或有缺陷，所以抓住一切外界的事物来弥补。有些人沉迷于物质，认为拥有足够多的东西就能证明其价值；而另一些则希望引起其他人注意，通过调戏和勾引他人满足自己的情感需要。于是我们开始了与自己的追逐：显示自己与众不同；用外界事物掩饰真实的情感；努力摆脱羞耻感；隐藏深植在内心的混乱。所有行动都是为了让自己不再为自己的缺陷、弱点和不够完美而感到自卑。

每种情感创伤引起的自我分裂，决定了人们释放痛苦的途径。人们内心受伤的自我的唯一需求是使自己好受一些，因此每个人会制订不同的方略。有些人认为有钱能使鬼推磨，他们以拜金来抚慰伤口，他们挪用公款、抢、诈骗，甚至不惜出卖色相；有些人则觉得权力可以治疗伤痛，于是他们追求地位和名望；还有一些人倾向于支配、操纵和战胜其他人，他们毫无原则或信仰，从性侵害、撒谎、恐吓到勒索无所不为。受伤的自我希望通过这些经历改善自己的状况，重新恢复灵魂的完整。它希望得到满足，感受别人的爱和认同。

自我意识被扭曲的人们信奉及时行乐，看不到自己行为的后果。如此一来，隐患更加大。当我们无法看清自己行为的后果，认识不到行为造成的影响，我们极易再次受到伤害，成为受伤自我下非正常欲望的奴隶。

没有了高尚的自我来平衡心灵，人们怀着受伤的自我意识，总是不断证明着自己比其他人更重要和更成功。然而，不管人们怎么获取，得到多少，最后它总是觉得不满足。我的一个朋友苏珊·韦斯特（Suzanne West），身为心理导师的她把这种心理状态解释为"失灵的愿望树：饥渴的自我意识充满欲望，不断搜寻各种东西（无论是什么），想方设法地满足无止尽的渴望，只有这样才能填补感情上的黑洞，带来久违的快乐"。我确信，就算从外界得到再多的东西，人们真正想要的其实并不存在于外界，而只存在于内心世界。受伤的自我意识最终寻求回归，与高尚的自我重新结合在一起。但是在"失灵的愿望树"中，这永远不可能实现——不论我们多么成功，取得什么成就，占有多少物质。与完整的自我相比，受伤的自我只能得到失败的结果。它企图牢守着自己的信条，来维持心理平衡，这也是它唯一的选择。那些令人不堪忍受的"不如他人"的想法就是它的动力。

受伤的自我比不上高尚的自我，这就是问题的所在。拥有高尚自我的人不会生活在别人的看法当中，也不会刻意去逐一分析人类各种品行（例如缺陷、不完美、愤怒、控制欲、贪婪、挑剔和权力欲）的好与坏。而有着受伤自我的人们却会为了自己或他人的想法而活，为了得到认同、爱和赞美而活。高尚的自我是完整的，不会苦苦寻觅外界的认同或用其他事物来证明自己，因为它本身就是无限的、纯净的、真诚的。

高尚的自我甚至不需别人的见证，它总是一如既往，因为它根本不在乎是否为人所知。即使遇到糟糕的事情，即使不为人知，完美而高尚的自我始终在一旁给予支持，不催促我们改变自己，也不让我们知难而退。即使我们卑微地自暴自弃，永恒的自我也一直守护着我们，让我们忠于自己。

自我意识的结构非常复杂、深邃和富有张力，有时候，即使高尚自我的光芒射进人们的意识，欲把人们唤醒，我们也会很快地织起一张保护网（比如日常琐事啊、自我伤害情绪啊），将高尚的自我掩盖。要使人们放弃安全感、先入为主的想法和安逸感十分困难。受伤的自我意识形成后，我们放弃了熟知的自己。自我意识的平衡一旦被破坏，我们受伤的意识就开始想要全面占据自我意识。它相信自己拥有巨大的力量，是所有事情的掌控者。

当我们深深地被受伤的自我意识影响，对他人的劝告是充耳不闻的。我们打心底里不愿知道任何可能会威胁到现状，让自己感到不适、自卑的情况。我们否认内心永恒的部分，却无知地将目光投向外部世界，通过周围的人满足需求，获得心理和感情上的安慰。在受伤意识的控制之下，我们的内心世界其实就像在比赛中得倒数第一那么气馁。

其实，健康的自我意识的根本任务就是摒弃其他杂念，确认自我的真实性。但是受伤的自我总是认为，要确认真实的自我，就必须将每件事都做得"正确"，即使这样会产生意想不到的后果。举个例子，当你还是孩子时，你母亲可能直接或间接地对你说过，你不够优秀，你无意间就信以为真了。基于所受的教育，你得出了这样的结论，不够优秀的人是不会成功的。所以，你试图将妈妈批评的那部分自我隐藏起来，将自己与"坏"性格隔离，然后捏造出一个不真实的自己。多年后，你的思想里已刻着这个信条，进入社会后，你通过自己的所作所为来塑造出一个虚假的自己。但其实，妈妈的话和你这么多年养成的信条并不正确。

## 心灵故事

劳瑞是一个本性比较黏人的孩子。她爱自己的妈妈，希望永远不要离开妈妈。而她妈妈经常严厉地训斥她黏人的性格："你啊，老跟着我转，难道脐带永远不会断吗？"于是，当劳瑞还是十几岁左右的时候，她做的每件事都在证明自己的独立，证明她不需要妈妈。但当劳瑞年纪更大些的时候，她压抑的本性重新显露出来，她又开始依赖妈妈了。虽然直到很多年以后，她才意识到，只是因为不愿意离开妈妈身边，她放过了许多难得的好机会。

劳瑞找我咨询时，正准备与她的未婚夫分手，因为他打算迁往外州。虽然劳瑞有足够的本领走出父母的家，到美国任何一个地方生活，但她对未婚夫的选择表示很生气。她突然对未婚夫暴力相加，和他吵了很多次；她感到无法控制自己，失去了自己的一生所爱。因为这件事，她为自己感到羞愧和窘困，不知道自己还会不会去攻击其他人。以前她一直认为自己是恬静、温顺的人，从来不会攻击他人，就算是对调皮的弟弟，也总是很有耐心。

　　她的愤怒从来没有表露过，并且也不明白自己为什么会这样做。当我问起劳瑞是否喜欢现在居住的城市时，她很快就回答说不喜欢。当我问是否考虑过要搬家时，她说自己也一直有这个打算。这使我很好奇，是什么原因使她突然暴怒而打了爱人呢。表面上她是很温柔，很好相处。当她来找我解答心理的困惑时，她看上去好像回到了五六岁时的样子。她用稚嫩的声音说，母亲说的不错，她离不开母亲，她永远也斩不断系在母亲身上的脐带。即便劳瑞不是故意去相信这些话，甚至都不愿相信它们，但是这句话已经在她的潜意识里根深蒂固了，而且她一直遵照执行，就算这样做会破坏自己的生活，失去梦寐以求的爱情也在所不惜。

　　对于劳瑞来说，要跨过这个坎，拥有一个成功的人生，她必须自己承认这个信念是不对的（比如她永远也离不开妈妈的想法），而且还要让她崇拜的母亲承认自己当初说的话也是不对的。因为受伤的自我十分傲慢自大，它不太会承认自己的错误，除非它意识到自己深受其害。

　　你可能会对自己说："我不会让消极的想法堆砌出一个虚

假的自我，并将之隐藏在潜意识中。"但是从情感上说你是控制不了的，这样的信念框架和你紧紧联系在一起了。因为你潜意识里默许了，所以它不受你的控制。你被受伤的自我掌控，把它当作最高指令。你无法控制这些潜在的羞耻感，所以你创造出一个伪善的面具，把你的不足、不安和恐惧掩饰起来。

## 7 真我的迷失

> 面具就是虚假自我的脸孔，它使我在众人面前伪装起来，伪装成可以被人接受的样子。就这样，一个修饰过的崭新的黛比出现在众人面前。

当一个人的自我受伤了，他会竭力避免感觉自己毫无价值，并打造出一个面具，把真实的自己藏起来。如果我们打心底里对自己感到满意，就不需要创造出一个虚假的自我。伪装是为了自我保护，避免他人排斥或误会自己（继而引起自我的错误认定）。我们戴起面具，往往是希望不管周遭的环境多么可怕、严酷或者沉闷，都可以与之相适应。

在孩提时期，我们对自己真实的想法表达得更多。但往往表现得越多，就越容易受到批评或惩罚。我们会因为在父母干活的时候哭闹、问东问西，在屋里奔跑，就被严厉地训斥。于是我们学会隐藏，无意间与真实的自己分离。不仅如此，我们同时也与欢乐、激情和充满爱的内心世界隔离，开始掩盖真实的自我，这一切都是为了成为一个所谓的"正确的人"，一个为人接受的自己。每当遭受打击或拒绝，我们就会离真我越来越远，把内心那堵无形的墙越垒越厚。日复一日，随着人生经历的增多，我们不知不觉建起了一个无形的堡垒，这就是虚假的自我。这个堡垒使我们迷失了本性，掩藏起自己的弱点，模糊了自我认知的视线。

10岁的时候，我经历了几桩不幸的事情：被人拒绝许多次，做出了一些糟糕的决定，也曾因此沉沦过。刚开始我十分失望，认为世道不公，后来我处处以人为防，渐渐失去了善良的本性。随着时间的流逝，我从乖巧变得叛逆，从温柔变得易怒，从开朗变得内向，从自信变得胆怯，我最难忍受自己看上去很"愚蠢"。但是老天惩罚了我。我的姐姐艾瑞儿，她既是我的偶像也是竞争对手。她处理事情看上去总是很有分寸，虽然我的成绩也不差，但她一直显得游刃有余。她总把头仰得高高的踏进家门，挥舞着手里成绩单，引起所有人的注意。艾瑞儿总是自信满满轻易地击败我，并受到褒奖，她一直是我最优秀的姐姐。我只能甘拜下风，成为那个愚笨的妹妹。这些都触动了我受伤的自我意识，很快我的内心世界被羞耻和害怕覆盖。我因自己的缺点和不完美为耻，并害怕暴露弱点，我就会被亲人抛弃。

这些伤痛掩盖了我的童真，把我与最珍贵的自己隔离，使我无法保持内心世界的完整。只有八九岁的时候，我就开始暗下工夫，向人们证明我也很能干、优秀和聪明等。渐渐地，我把自己伪装得自信满满的样子，并将内心层层包裹起来。我心里不安定的感觉，驱使我塑造出"好像什么都知道"的面具。我努力使自己的面具看上去像那么回事，开始想当然地认为自己的观点都是正确的,并把这种想法强加给周围的人。我认为如此一来,就能证明我和姐姐一样聪明。

就这样我挺起胸膛,钻进自己的面具中,伪装成另一个人。虚假的自我使我在众人面前伪装起来,伪装成可以被人接受的样子。这使我抛开真正的自己,认为自己就是面具代表的女孩。戴上面具后,我似乎变得很自信、有才干,大家都很重视我的建议;我似乎聪明又讨人喜欢,人们愿意听我说话;我似乎既漂亮又受欢迎,无需在意别人的想法。有了面具,我不再感到自己一无是处,不再觉得自己愚不可及,好像万事都很顺利。我学会了假装和善、面带微笑,学会了与人交际、装酷,还学会了欺骗自己。我学会了保护内心免受伤害(至少我那时是这样认为的),学会了隐藏不足。渐渐地,我甚至找到了掩盖内心羞耻和恐惧的方法。

## 内心瓦解,社交面具的形成

为了使真实有缺陷的自我不被发现,人们找到了一个办法,那就是在自己身上塑造与自身缺点相反的品性。这个方法真够绝的。我们把自己伪装起来,精心打造一副面具,把真实的自己隐藏其后,不让其他人看到甚至连自己都无法认出。我们努力塑造与人们价值观一致的积极向上的性格,却往往矫正过狂。就像一个孩子,当感到没有人注意,连亲人都不关注他时,他可能会故意吸引他人的注意力。如果人们觉得自己不受人重视,就可能故弄玄虚,好让自己显得重要。

这就是面具形成的原理,我们很想得到归属感和认同感,所以尽一切可能改变自己。如果能使自己受家人爱戴、受朋友欢迎、被同学羡慕，我们会不假思索地放弃纯真、抛开真实的自我，收藏起自己真实的想法。我们无所畏惧并不惜冒险，努力地适应环境、争取被人赞同、受人爱戴。你看，虚假的自我成功诞生了。

羞耻和恐惧令人们戴上各式各样的面具，让他们隐藏其后。因为我们不知道其实连亲密的家人、亲近的朋友的内心都有善恶两面，所以不敢承认自己恶的一面，因而尽力打造面具。表面上，我们把自己伪装得得体、光鲜，不让其他人发现自己阴暗的想法、龌龊的欲望和罪恶的冲动。但问题是，久而久之我们不仅看不到自己黑暗的一面，也同样看不到正义的一面。真实的自我被黑暗所掩盖，人们变得只能动用自己低劣的一面，仅靠受伤的意识来发挥作用，控制内心的活动。

不同的场合我们选择不同的面具。根据交往对象和人生阶段的不同，大多数人都有不同的面具。大多数人刚开始塑造自己的面具时，总是不停计算怎样才能更受欢迎。我们也可能选择一种面具，认为这种面具可以保护我们，让我们在爱批评我们的人面前变得无懈可击。比如为适应周围环境，我们可能以一个猛男或泼妇的形象出现，因为我们害怕如果表现得天真随和，就会被人欺负。如果亲人不喜欢愚钝的孩子，我们就可能把自己伪装成聪明的样子，使自己看上去像百科全书。

针对不同的人，我们戴上不同的面具，效果显著。若是学校里戴着"好女孩""酷哥""老大"面具的同学很受大家青睐和尊敬，我们就会跟风效仿；我们可能很羡慕那些令异性痴迷的人，但又自知自己难以成为所谓的万人迷，所以我们退而求其次，成为这些人的忠实拥护者，围在这些名望、权势或者地位都高于自己的人身边。

了解了什么行为可为人接受，什么行为不能，我们渐渐戴上了自己的面具。有些人仍然可以意识到自己在伪装，而另一些人可能已与面具合为一体。有一些人可能从未意识到自己戴着各类面具，而且已戴了数十年之久。想象一下，小时候奶奶送给你一个礼物，可能是一支魔法铅笔。你非常珍惜这个礼物，想把它保存好，于是就把它藏起来。这么多年过去了，你是否还记得当初把它藏在哪里了呢？或者你是否还记得有这么回事呢？同样，我们把真实的自我藏得太久，早已忘记它被藏在哪里，甚至忘记它还存在了。

不管把自己伪装成什么样，也不论你的面具是有意还是无意创造的，它的形成是为了让你不再感到愧不如人，尤其是为了确保你的弱点不为人知。

生活窘迫可能是令你戴上面具的原因之一。比如说，你穷困潦倒、游手好闲，在人前感到抬不起头来。但是，你表面上却装得性感可人和备受欢迎。十年过去后，你开始感到孤独、彷徨，觉得需要寻找真实的自己了。于是，你开始寻找自己真正的声音和本性，但你仍然不愿摘下面具，因为不想看到在面具后面隐藏着的不完美的自己。

如果自己行为自私、粗鲁或没有其他孩子可爱，你可能会觉得羞耻。所以你戴上一个礼貌又大方的面具，给人温和的微笑，塑造出完美的仪态，练就了高超的社交本领。有一天，当你不能再忍受自己惺惺作态，想摘下自己的面具，觉

第一部分
黑暗和光明的交锋，永无休止

得除了伪装外你还可以大有作为。但当你想放弃虚伪的自己时，恐惧心理会控制你，又把你拉回原地，因为你不希望为自己为粗鲁、自私和不讨人喜欢的举动而懊悔。

你可能因为自己一无所长而感到惭愧。于是早在中学时，你就下定决心用优异的成绩掩盖平庸。你参加学生会，成为优秀学生，甚至考入名牌大学。20年后，也许你大多数的理想已经实现。在空虚的驱使下，你开始寻找人生的意义和更大的目标。你开始了解到生活中还有比出类拔萃更有意义的事情。但当你寻找真实的自我时，又一次因羞耻的心理而退缩了。就这样，你不再探听内心的声音，转而迎合自己的面具。

当我们的伪装一旦站稳脚跟，我们就不得不在现实生活中表现出面具的性格。如果我们装成好女孩，就会寻找机会展示自己是热心和友善的人；如果扮演受害者，我们就会自然地把自己置于危险情形下，被人利用、虐待和操纵；如果我们要取悦他人，就会关注想要讨好的人，每当他们有什么需要，即便一百个不情愿，我们也会马上答应下来。换言之，我们伪装自己就是为了把某些人吸引到身边，然后在他们面前反复扮演某个角色。即使我们非常痛苦，仍然会继续表演下去。因为深信面具代表的就是真实的我们，长年的伪装已让我们无法认清自己了。

社交的面具并非随意创造的，人们为了掩盖一些突发事件带来的羞耻感，逐渐形成了社交面具。作为一个情感和精神问题的咨询师，过去20年中我一直在教导人们从人生每一步去认识自己的面具，并帮助他们放弃这些面具。这是一种令人感动的经历，我亲见了人们在相互支持中放下了伪装这一神奇过程。在一个强化班里，我要求学生分组，每个人在团队中与其他成员分享困扰自己生活的羞耻感，还有他们戴上的面具。

### 生活实例

下面就是他们当时交流的内容，这些例子可以给你们一个清晰的概念，看过以后，你就可以找到你自己羞耻感形成的根源，把心结解开。现在想象一下，他们站在房间的前面，把想法一一告诉我们：

我的羞耻感源于觉得自己是个肮脏、淫贱的荡妇，于是我就通过衣着保守、禁欲和男人保持距离。

我的羞耻感来自我是同性恋，没有归宿。我到处寻欢作乐，广交朋友，参加各种聚会来驱逐这种羞耻感。

我的羞耻感来自我感觉迟钝，对人不热心。于是我就装出很讨人喜欢，聆听别人倾诉的样子，好像很在意每个人的感受。

我的羞耻感是因为我不够好、不够聪明、不够漂亮。我把自己装扮得好像我一切都很完美，完美的孩子，完美的房子和完美的工作。

我的羞耻感是因为我是个彻头彻尾的失败者，我被毁了。但是我装得好像一个善于合作的教员，一个很具说服力的演说家。

我很软弱，没有权势，而且有时为自己卑鄙的想法而感到非常耻辱。为了掩饰我的卑劣，我谄媚他人，让他们感觉飘飘然。

我有个酗酒的哥哥，我自己也有同样的嗜好，这使我在别人面前抬不起头来。为了把真正的我掩盖起来，我总是使自己看上去精力旺盛，把自己的事情整理得井井有条。

我其实非常害怕男人，我也不知道为什么，这件事我一直羞于启齿。为了让我的心理看上去与其他人没什么两样，我总是穿性感的低胸装，涂艳红的口红，把自己尽量多地暴露在男人们的面前。

其实我看不起所有的人，我蔑视他们，内心却以此为耻。但是我给周围社区的印象却是慷慨、热心的，并被推选为街坊互助的负责人。

表面上我对其他人格外热情、很有人情味，其实我对他人一点也不关心，我很自私，我一直不敢表露出来。

事实上，我无法控制自己不说谎，这是一种病态。但我总是规劝人们与人交往真诚最重要。

我一直依赖父母给我的财富生活。可是我装得好像很成功，还炫耀自己经营了一桩几百万美元的生意。

我不想被人甩、被人拒绝，所以我总是不停地换恋爱对象，不让自己闲着。

我其实对人是很有偏见的，一般是听不进其他人的意见，还带有一点种族歧视。为了不让其他人看出我是这样的人，我就经常邀请各种种族、肤色的人到我家里聚会。

通过这些实例，我希望对你理解虚假自我的形成过程有所帮助。虽然这些人也花费了不少时间，通过努力，才有勇气剖析自己的内心,但这样的转变过程使他们每个人都打开心扉,受益匪浅,改变了自己的人生。

## 第二部分

## 真我重生，内心的和平条约

我们都不是完美的，都会说一些违背本意的话，沉溺于某事而欲罢不能。所以，为了不重蹈覆辙，我们必须迎接坏事情带来的礼物：每一次经历、每一次的伤痛和挣扎，都能让我们懂得一些道理，拥有最真实的本质，成为最好的自己！

第一章

# 8

## 戴上面具的自我

> 我们衣冠楚楚、戴着面具、假扮成其他人,
> 只有敏锐的眼光才能发现自己的面具。人们面向
> 公众的面具几乎总是为了赢得承认、欣赏和肯定,
> 而私底下的面具则会流露出更多真实的感受。

只有当我们揭开面具,发现里面隐藏的自我时,才能重获内心的安宁。所谓当局者迷,旁观者清,我们用面具隐藏的羞耻感,其他人往往会比自己看得更清。我们可以很容易对面具进行分类,不仅因为人们遭遇的伤痛是普遍的,也因为在生活里人们常会相互模仿,采取最有效的伪装把自己带到想去的地方。比如,如果一个人的伤痛来自遭遗弃、背叛,就可能会戴上受害者的面具;如果一个人的症结在于虐待他人,则可能会戴上加害者的面具。

你愿意成为一个加害者还是受害者,愿意对他人进行掠夺还是被人掠夺,决定了你选择面具的类型。在物竞天择的世界里,猎食者和被猎食者是两种主要的角色,且这种角色关系也早已深植于人类的性格里。我们看到动态生物链中有

狐狸和兔子、雪豹和斑马、猫和老鼠。食物链不会断裂的原因很简单，有些生物猎食，而另一些被猎食。这两种类型的生物不能失去其中一种而单独存在，两者相互间需要达到平衡与和谐。理解人类也具有这一天性，不仅能帮助我们更通透地认识自我的面具，也可为我们奠定平息内心战火的根基。

掠夺者传达出来的信息是："我要吃掉你、毁掉你，你是我的牺牲品。"掠夺者闯过边界，企图夺走原本不属于自己的东西；他们强权而善于伪装，每时每刻都在计算自身的最大利益（即便有时表面上是在为他人的利益着想）。掠夺者只有在利益当前时才会行动。他们抢先满足自己的需要和收益，全然不顾在此过程谁会受到伤害。

另一方面，来自被掠夺者的信息是："我对你没威胁，请不要伤害我，我不能应付这些。"当掠夺者只考虑自身需要时，被掠夺者却在想如何取悦他人，如何置身事外，如何更好地去适应环境。服务他人是被掠夺者最原始的生存方法，他们的策略是向掠夺者提供其想要的，并希望不会因此受伤。被掠夺者十分顺从、胆小和缺少安全感，所以也很容易被操控。

在学校的操场上，你能看到一个孩子欺负另一个孩子的情景。如果你是几个孩子的父母，你会发现某个孩子比较好斗，某个孩子则性格比较被动。在任何一家合伙制的公司，你可以看见那些因提供谋略而成功的人，也可以发现那些超负荷工作、并被办公室里的同事欺负的人。

大男人主义的男性或擅长诱惑他人的女性，都是生活中的掠夺者。生活中掠夺者无处不在，他们很自然地剥削和控制他人。当然，掠夺者不能缺少他们的对象——猎物。有的女人总是以为自己会受到歧视，所以故意隐瞒自己超重40磅，她就属于被掠夺者；有的男人为满足老板的要求，每晚在办公室工作到十点，他也是被掠夺者。两者间的动态平衡就是这样：掠食者能发现10公里开外的猎物，而猎物则如飞蛾扑火般被掠食者吸引。

　　捕食者和猎物常伪装自己，使别人认不出自己的真面目。我们能在动物世界里看到这一现象：易受攻击的动物膨胀自己的身体以显示凶猛，与此同时，凶猛的猎手则藏起他们的爪牙以接近猎物。

　　我曾认为自己是个猎手，是一个独立的、可以照顾自己的女性。我甚至能够教导被掠夺者保护自己，并为此感到自豪。当不幸发生在我身边时，我总是担起责任，因为我视自己为猎手。但后来在经历了一系列被出卖、利用和欺骗的事件后，我才意识到自己是掠夺者完美的目标。与寓言故事恰恰相反，我是披着狼皮的羊！在后来相当长的人生中，我没有承认过自己是个被掠夺者。我宁愿把自己视作一个猎手，也不要被看做一个不能照顾自己的受害者。讽刺的是，妈妈总是不留情面地指出人们利用我的手段，她说："一切都写在你的脸上，你是个容易得手的猎物"。我有时会对她发火，因为我很希望被视为强者。因此我仍然拒绝保护自己。最终，大量的事件证实我错了后，我不得不承认尽管伪装成一个坚强的猎手，本质上我还是一个牺牲者。现实改变了我的生活。

### 生活实例

在一个名叫托马斯的老顾客身上,却上演了完全相反的一幕。私生活中,他总是欺骗女友,亵渎爱人和朋友对他的信任。但是,他为自己的行为苦恼,因为这与他所希望呈现给世人的形象不符。他在公司拼命努力表现为一个好小伙、一个可靠的员工,把自己包装成一个无邪到几乎孩子气的人,来抵消他的掠夺性行为。尽管他极力按照这些规则来伪装自己,但却无法抑制自然的天性,他发现自己慢慢靠近想要的一切。在不引人注意的情况下,托马斯跃上了公司一个相当高的职位。他如此老练地戴着那伪善的面具,以至没有人怀疑他的真正实力,甚至直到他已经稳居高位时,他们才意识到由他来掌管事务了。

每个人都有成为掠夺者或被掠夺者的倾向,然后在这两种天性之外,我们的面具产生了。此时,接受信息是至关重要的。作为一个被掠夺者,你从不会保护自己,使自己变强,除非你认识到了自己的这个天性;作为一个掠夺者,只有自愿承认自己的天性时,你才会试图改变自己的行为。以我为例,因为我忙于假扮一个掠夺者,对别人都没有戒心,故而不具备识别真正掠夺者的洞察力。我从未照顾好自己,直到我愿意视自己为一个弱者,并最终揭下自我的面具!深入探讨强者和弱者的天性,就能发现构成虚假自我的面具。

为揭示自我的面具,我们必须探索自己的行为和动机,找出真实的自我。因为自我曾受到伤害,你误以为一旦找到真实的自我，就会开始讨厌自己。然而，实际情况并非如此。我们衣冠楚楚，戴着面具，否认犯错，假扮成其他人，只有通过敏锐的眼光才能发现自己的面具。

于是，我们面临这样的矛盾：只有了解行为背后的真实动机时，自我才能回归到完整和健全的本性。然而，自我意识像一条变色龙，把自己隐藏起来，按照安全、不会被毁的方式表现自己。为避免自我毁灭的事件发生，我们必须努力去了解，什么情况下的自己是更高尚、纯洁的自我，而什么情况下自己会退回到面具的背后。

大多数人至少都戴着两个面具，一个面向公众展示，一个在独处时出现。人们面向公众的面具几乎总是以赢得承认、欣赏、爱慕和肯定为目的，而私底下的面具相对来说则会流露出更多真实的感受。有的人面对大众时会表现得像救世主，朝身边的人伸出援手，奉献自我，而私底下却独来独往，感到孤独和痛苦；有的人在公众面前非常活跃，表现得像个成功者，而在关系密切的私人圈子里，他的表现却十分低调。我希望读者能识别出自己的公众面具和私底下的面具，只有这样你才能找到虚假自我和真实自我之间的距离。

在寻找自己的面具的过程当中，有时你会发现别人身上令人厌恶的某些特征，其实也存在于自己的面具中。所以请你想想在生活里出现的被你判定为虚伪、不真实的人；当你对他们的面具进行鉴别时，其实能够看见自己的影子。通常我们会对自己戴的面具感到厌恶，除非我们不知道自己正戴着它，所以当我们在别人身上看到时，便会立即感到反感、讨厌，有时还会因此采取敌对态度。我们竭尽全力地使自己相信面具就是自己，而非常不情愿承认自己就是个骗子。

如果你讨厌某种面具，那么你很可能戴着一个全然相反的面具（以证明你并非那样），或者你戴着自己讨厌的这种面具却未能察觉。佛理中有这样一种暗喻：虽然我们有眼睛，仍有一个人是我们看不见的，那就是自己。从别人身上的反射来认识自己是我们唯一的方式。

最近参加一个慈善活动时，一个女朋友走到我跟前小声说："我无法忍受梅利莎啦！她是个伪君子。"打量梅利莎时，我注意到她仿佛戴了一个永远乐观的面具，表现得过于感性、随和和快乐。但真正让我惊讶的是，这位女友和梅利莎其实非常相似。事实上，如果把她的脸放到梅利莎身上，远远观看她的举动，没有人会发现这一更换。和梅利莎一样，我这位亲爱的女友显得有些过于喧闹、做作和夸张，失于真实。

有一天，我跟一个男人相约晚餐时，同样的事情发生了。晚餐前，我们看了一部电影，这位男友不断抨击电影的主角——极具魅力的"卡萨诺瓦"（Casanova，他是一位意大利冒险家、作家，也是18世纪享誉欧洲的大情圣。"卡萨诺瓦"一词，现被人们引申为风流浪子、花花公子的意思。——译者注），因为这个主角，他连带讨厌起这部被奥斯卡提名的电影和电影导演来。但真正令我震惊的是，虽然他在言谈中表示非常讨厌电影主角的行为，但我忆起过去他追求我时使用的种种方法，发现他其实和电影主角一模一样。

归根结底，虚假的自我并不在意佩戴哪种面具，只要能掩人耳目，能够掩饰伤痛和羞愧就可以。面具的功能是保护我们，让我们适应生活。大家都相信面具有一种超强的力量，并能帮我们取得过人的成就。就像一首歌唱的："孩子，我就是你的座驾，可以带你到任何想去的地方。"

通过揭开每一个人的面具，理解他们与生俱来的羞愧和恐惧感，我们可以发现能够最终治愈虚假自我的途径，并与真实自我融为一体。

## "善"的面具

### 好女孩

好女孩不遗余力地让每个人知道，她属于积极的群体。总是带着甜美的微笑，好女孩想让你知道她是一个守规矩、漂亮和言行得体的女孩。好女孩通常会第一个向你殷殷问询，孩子在学校怎样或母亲的近况如何？她们很有想法，总是耐心聆听别人的需要，并与他们交谈。好女孩为了满足别人而忽略自己的需求，是因为她们深信做一个好人是自己的价值所在。她是个平凡人，知道用何种方式去关注自己的事情。事实上，她们从来不会站出来炫耀自己。好女孩会给予宴会或慈善机构许多资助，并留到聚会的最后把一切清理干净。她们也很容易与别人的丈夫共处一室，同时又装作是对方的朋友。

好女孩努力地在家庭、朋友和社会面前保持良好形象。她不喜欢面对社会黑暗和消极的一面，也不愿谈论社会上的冲突，不喜欢让嫉妒、遗憾或愤怒的情绪来影响自己。在整洁的外观下，好女孩对混乱和不可预测的人性感到害怕，因此将任何和她形象不符的事情拒之门外。

> **好女孩** 的羞耻感源于
>
> 不完美、不受欢迎、被驯服、
> 被欺骗和有缺陷。

**好女孩面临的挑战：** 好女孩面临的难题是承认这一事实：早期的生活经验让她觉得自己是一个坏人，她渴求被关怀和接受，因此以完美的形象示人。如果放下好女孩的光环，她们也能展露自己真实的一面。只有明白到这点，她才会认识到自己性格中重要和有价值的方面。在好女孩证明了自己有多完美之前，她们一般来说没有动力去改变。一旦抛开面具，好女孩就能够重拾勇气，流露更多真实的情感，并实现自我表达。

### 好男人

好男人往往缺乏勇气去获取自己想要的东西，他们通过乐于助人的外表来隐藏真实的渴望。好男人乐于表现得友好和值得信任，他们相信"你快乐，所以我快乐"。好男人是大家可以信赖的朋友，他可能选择以下职业：老师、保险代理人、或艺术从业者，因为把关爱献给别人会让他们感到快乐。

某种程度上好男人认为大胆和直接（尤其对女人大胆和直接）的行为会惹来麻烦，因此他喜欢隐藏自己的观点和真实的情感。随着年龄的增长，越来越少的事物能填满他的情感，因此他倾向于被动激进，很少会因对现状不满而暴怒。

没有人看到的时候，好男人也会做一些不那么体面的事情。例如把其他司机堵在路上，给票据收款人水单，轻声地责骂妻子和孩子。他们甚至会有像搞破坏、加入恐怖组织和通奸之类的幻想，给虚假外表压抑下的自己片刻的安慰。

> **好男人**的羞耻感源于
>
> 懦弱、易受伤、自私、坏男孩、被人操纵和报复心。

**好男人面临的挑战**：好男人的难题是跟自己的怨气和坏的本质妥协，因为好男人的生活建立在他人的认可上。对好男人来说，更坦诚地面对他的要求和渴望将为他翻开新的一页，而不是幻想如果自己足够好的话，一切都会神奇地实现。对好男人来说，最大的困难是认识到自己的一生都致力于照顾别人而忽略自己，这不完全是一件体面的事情。一旦好男人认识到这个问题，他就能把本来关注别人的精力转移到优先满足自己的需求上来，并能够创造出一种建立在诚实和权利上的生活。

## 乐观、悲观的面具

### 乐观者

乐观者看上去总是情绪高涨。这样的人一旦走近你，即就能认出来，因为他们笑得有点假，并过于热心。如果他是男性，那么他拥抱你的时间可能太长，他过分友好的问候给你留下了深刻的印象。在孩子们面前他有讲不完的笑话和有趣的故事，还会将各种角色扮演得有声有色，孩子们都被他旺盛的精力征服。

在中学时期，你也可能见过乐观的女孩子，如整天蹦蹦跳跳的拉拉队长。长大以后，这些人到哪里都保持着高涨的精力。她的音量总是高出一般人几分贝，光从声音上判断她的年龄，总比实际年龄至少年轻10岁。

为了证明自己是快乐友善、最受欢迎的人，乐观者们时常剥夺别人表现的机会，霸占其他人发言的机会。无论别人说什么，他们都会以更强烈的方式表达。比方说有一样东西是好的，从他们嘴里讲出来就是"最好的"。如果他们要表达对你的感谢，就会抓着你谢个不停。因为害怕不被关注，不被人喜欢，他们就强迫自己一直保持笑脸参加各种集体活动。

如果人们运用犀利的眼睛，有时可以发觉乐观者的面具已经开始变形，如果运用敏锐的耳朵，有时能听出他们的笑声有几丝勉强。对于那些能看穿他们伪装的人来说，这些乐观主义者有些虚伪，甚至是讨厌。但看不穿他们面具的人，则为在他们身边而感到快乐。

乐观者即便是谈论伤心的事情都是笑着说的。他们所表现的快乐，其实与他们隐藏的悲伤成正比。他们害怕一旦有一丝的负面情绪进入思维，就会把他们击垮。

> **乐观者**的羞耻感源于
> 悲伤、认输、悲观、失望、绝望、
> 不受人欢迎和被人拒绝。

**乐观者面临的挑战**：乐观者的难题在于接受人生并不总是充满阳光的事实。卸下乐观者的面具较为困难，因为他们总处于得了金牌一样的快乐状态。他们会为自己极力辩解说他们并没有戴上任何面具。为使他们认识到自己的伪装，我要求他们每天花十分钟，当感到"我很快乐"的时候就照镜子看看自己的样子。这样一来，他们就能认识到自己的面具了。乐观者最终的挑战就是让他们从内心深处知道，保持自己原本的样子也一样可以得到人们的爱和关心。他们需要静下心来感受面具带来的痛苦、尴尬和不适，允许自己去发现真正的自我。

### 悲观者

悲观者常与悲伤、忧郁和不幸为伍。他们总是只看到生活里的痛苦，心里积压着许多有害的情绪。他们往往有点愤世嫉俗，由此破坏了自己的精神力量和理想。不知不觉中，他们固守伤痛的往事，回避一切对自己有益的机会。恐惧占据着内心世界，他们害怕无法掌控自己的未来，害怕再次受到伤害，所以宁可与往日的痛苦为伴，也不愿意尝试新的事物。换言之，他们认为已知的魔鬼比未知的魔鬼要好。

沉溺于自怨自艾的悲观者常在心中自言自语，例如：我怎么啦？为什么是我？可怜的我啊！这事不应该发生在我身上！这些喃喃自语使他们一直处在痛苦和失望中，无法解脱。

悲观主义者抛弃了真实的自我和本性，使自己陷入绝望的深渊，常幻想自己最后以悲剧收场，因此在生活中也备受欺凌。因为总是受到伤害，不懂得第一时间帮自己脱离险境，于是他们开始关闭心门，压抑自己的情感。你一眼就可以认出悲观主义者，他们总是拉长着脸，即便是笑起来也是浅浅的。他们不相信自己会有崭新的开始，也不认为令人振奋的未来在等着他们。他们难以做到忘记过去，继续振作精神前进。为了得到别人的喜爱，他们也曾掏出心窝，但没有得到回报。有什么比这更可悲的呢？事实上，他们打心里觉得，生活背弃了他们，上帝根本就不存在或是抛弃了他们。这样的痛苦太沉太重，以至于他们无法承受和化解。他们唯一能做的就只有压抑痛苦，将之隐藏起来，把自己也排斥在人生之外。

悲观者一直处于沮丧的状态，除了为自己营造的黑暗的小世界外，他们看不见其他事物，成天悲天悯人，而看不清未来其他的可能性。他们感到孤独，感到绝望，在自己的伤痛上匍匐前进，对人生不抱希望，只求苟活。

> **悲观者**的羞耻感源于——
> 绝望、伤害、拒绝、抛弃、
> 适应能力差和无助。

**悲观者面临的挑战：**对悲观者来说，困难的是认识到自己每天都接收了许多消极信息，他们必须停止下来，不再接受。只有将自己压抑的情感释放出来，他们才能再次拥有完整表达感受和继续人生的动力。他们最好与积极向上的人一起努力工作，给自己人生带来全新的视野。多与乐观的人在一起，可能就是他们通向自由的敲门砖。

## 诱惑者的面具

### *女诱惑者*

女诱惑者只追求一件事：使自己感觉良好。她们担心自己天生相貌不够好，害怕自己不被关爱；倘若她不是别人目光的焦点，就开始担心自己无依无靠，所以她不断搜寻猎物，并用那张充满诱惑的网将其网住。这种人是掠夺者，因为她以别人的关注为食，以此来抚慰自己受伤的心灵。女诱惑者用亲切、可爱和性感的方式抛出橄榄枝，引诱下一个猎物。她们会花时间不断思考她们看上去怎样，别人如何看待她们。姑且这么说，她的猎物使她感觉到自己有价值，并暂时缓解了她精神上的自我怨恨。

女诱惑者不了解自己的动机，而拜倒在她石榴裙下的追随者们也无法看清她们，这对她们来说是极危险的。她们从不在意自己伤害了谁，或攫取下一个猎物要付出多大代价。我宁愿相信她的猎物只是男人，而且通常是已婚的（她们认为这是大挑战），同时他们可能是同事、老板或可以为她实现更大目标的人。女诱惑者危险、讨厌和恶毒，她的攻击都打着"爱"的幌子。她们的讯号向四面八方传递，时而大声喧哗，时而轻声细语："如果你给我一些权利，我会给你许多爱。若你能让我掌控一些事情，我会使你感觉更愉快。若你时刻关注着我，我将向你倾诉一切你想听的事情。"

> **女诱惑者**的羞耻感源于——
> 平庸、不受欢迎、自怨自艾、不招人喜欢、空虚和无足轻重。

**女诱惑者面临的挑战**：女诱惑者应该认识到内心的迫切需求：渴望他人的关注、崇拜和爱等。她必须勇于面对自己在引诱别人后所感到的空虚和痛苦。一旦明白到只有超越自我，才能获得自己真正想要的，她空虚的情感世界就会被填补。

## 极富魅力者

极富魅力者能用微笑来驱散最强阻力。极富魅力者善于摆布和操纵别人，总能利用别人的弱点赢得别人的喜爱。他们善于估量人们的喜好，并明白谁需要爱或关注，他们把这些信息作为武器，用来打开人们的心扉。谈吐优雅、知识渊博和见多识广的他们能够快速成为你最好的朋友，成为你能够吐露心声和分享秘密的人。但是你要小心，因为极富魅力者是一个掠夺者。在相互了解之前，他可能已在寻思怎样接近你，怎么得到你的银行账户、生意或是你的心。在难以察觉的情况下，富魅力者会记录你吃什么，去哪里购物和喜欢的电影等，以便日后利用这些信息表达你对他多么特殊和重要。极富魅力者善于引诱别人，他们很狡猾，暗地怀有敌意，会逐步把你迷得晕头转向。他们通常是大骗子，说谎时显得镇定自若，而他们做这些都是为了使你自我感觉良好。

> **极富魅力者**的羞耻感源于
>
> 低能、没有价值、没有影响力、无人注意和平凡。

**极富魅力者面临的挑战**：虽然极富魅力者明白自己很有魅力能通过捷径去获取想要的，但当他准备捕获下一个猎物时，自我感觉会变差。极富魅力者明白自己获取成功靠的是把人们哄得忘乎所以。对极富魅力者来说，当他认识到内心对自己行为的厌恶，开始试着讲真话，以及做出果敢的决定时，他就可以回归真实的自我，找到自己的价值。

## 讨好者

讨好者是我喜爱的一种类型，尽管本质上说，他们完全是出于自私的动机，但他们取悦他人的行为，通常能够帮助别人。讨好者通常在童年时代受过很大创伤，他们因为自己不重要而感到羞愧。从年幼时期开始，为了战胜生存压力，他们就竭尽所能使别人感到快乐。讨好者也属于掠夺者的范畴，并为自己在世界上并不真正占有一席之地而感到羞愧。那种自己毫无价值的感觉，以及一旦别人没有给予喜爱和认可，就觉得自己一无是处的恐惧感，给了他们一种动力去证明自己的价值。讨好者常面带微笑，当他们做的一些事情得到了别人的认可，就会做更多同类的事情。他们毫无保留地不断给予，想尽办法使别人感到满足。他们的精神食粮是别人对他们的喜爱，虽然看上去是在给予，实际上却是在索取。

讨好者总在追求人们的认可，身上有取之不尽的精神食粮，这正是人们感激他们的原因。讨好者的问题来自于他其实并不明白别人真正想从他那里得到的是什么。他们想的尽是：我怎么能取悦你？如果没有被讨好的对象，讨好者将变得一无是处，对于这点讨好者深感羞愧。

> **讨好者** 的羞耻感源于——
>
> 无用、易被人遗忘、不重要、可遗弃、贪婪、不被需要和消极攻击性。

**讨好者面临的挑战**：讨好者的难题是承认自己的行为发生在奉献的伪装下，目的是为了让自己感到很重要、有价值。通过感受自己面具下压抑的真实情感，他们需要自我救赎。一旦讨好者认识到自己不需要取悦他人这个事实后，他们就可以把精力放在自己真正有能力取悦的那个人身上——他们自己。

## 内向者的面具

### 闷声不响的人

闷声不响的人是一种会耍把戏的人，因为你可能误认为他们安静的举止是无害的，甚至你对他们如此压抑自己而感到有点同情他们。这类人通常非常友好，但在他知道你跟他处在同一起跑线时，是不会过分热情的。他们会用一种谦虚的方式与你分享生意上的信息，并且暗示机会只给少数幸运的人。一旦他们找到了走进你生活的切入点，他们就会知道如何掠夺你的思想、钱财以及社会关系。貌似纯真的他们，其实怀着一颗欺骗的心。这类人常认为自己是聪明人，他们纯真的假象只是一种烟雾弹，用以掩盖自己的依赖性和缺乏能力的事实。

他们是把自己伪装起来的掠夺者，就像是披着羊皮的狼。他们阴险、狡诈并老练，故作谦虚以赢得他人的信任。这些人做人圆滑，很难被识别出来，他们用纯真的面罩来隐藏自己。他们内心充满嫉妒和无用感。虽然他们表现出值得信任的样子和纯真的欲望，但请注意，事实并非如此。

> **闷声不响的人**的羞耻感源于
> 渺小、无足轻重、无助、不够好、空虚、善于欺骗。

**闷声不响的人面临的挑战**：闷声不响的人应当认识到自己并非那么无害。这类人甚至自己都深信自己是安静、纯真的，对他们来说，最大的挑战是承认自己实际上是掠夺者。闷声不响的人需要密切关注自己内心的对话，并认识到自己真正的意图。说实话对他们来说是难度最大的挑战，因为他们是欺骗大师。如果诚实面对自己内心想要的东西，可以使他们不再隐藏，并能发现自己真正的力量和价值。

## 孤独的人

孤独的人非常害怕与人打交道，为保护自己不受感情问题的困扰,他们往往蜷缩在冰冷孤独的内心世界。他们从生活中隐退,躲在工作、肥皂剧、电脑游戏或者食物里,寻找短暂的快乐时光。当孤独感袭来时,他们很容易依赖这些事物甚至上瘾。不论承认与否,这些事物可以帮助他们获得心理上暂时的解脱,让他们不再感到孤独或感到自己与美好的事物无缘,不再觉得自己是人生的旁观者。

孤独的人常担心自己有缺陷,害怕不被需要或不够优秀。为了彻底从诸多的痛苦中解脱出来,他们就决定不走进自己人生的河流。孤独的人通常都是肥胖或健康状况很差的人,他们不但负债累累,还养成了酗酒、吸毒、挥霍或赌博的坏习性。他们自以为是地否认自己与人接触、建立人际关系的需要。

孤独者的生活状态就像立在悬崖边上岌岌可危,即使在工作中也常被人边缘化。为了欺骗旁人,他们有时会以朋友的姿态出现在其他人的身边,以证明自己积极参与社交活动并与人们亲密接触。不管怎样,在任何场合孤独的人总是给自己留有后路,以便他随时逃回自在和安全的封闭世界里。

他们有时摆摆架子,装得好像不与人为伍是因为他们比身边的人更强、更睿智或更出类拔萃。但其实这些只是他们用来逃避这个世界的谎言和借口。

> **孤独的人**的羞耻感源于
> 先天的缺陷、病态、伤害、害怕、
> 被人抛弃、不可爱和寂寞。

*孤独的人面临的挑战*：孤独的人面临的挑战是承认自己的孤单。他们的面具看似是为了让自己习惯孤独，实质上却使自己陷入更深的寂寞和羞耻感中。他们要以谦虚的心态明白自己与他人没有差别，即便遇到不自在的时候，也要亲身体验人生。一旦解决了自己对某事的依赖，他们就能够不封闭内心了。教会或是某个精神疗所都可以帮助孤独的人放下防备，融入到生活中。一旦他们感到还有比自己内心更宽广的天地，发现自己有独特的天赋，体会到自己丰富多彩的人生，就再没有理由把自己藏起来了。

## 受害者

受害者就像音乐专辑《悲哀与我》（*Woe Is Me*）海报上的孩子一样。他们的口头禅是："这样的事情怎么又发生在我身上。"面对不幸时，不管来自哪里，他们总是选择苍白无力的祈祷来解决痛苦。当发现糟糕的情况，他们不是去避免它的发生，而是直接走进麻烦，好让自己在接下来的时间以受害者的面貌出现。受害者一般看不到自己的不幸其实只是很少的一部分。他们年少时因为遭受了一些小的坎坷，就认为自己命中注定是悲惨的，无力改变命运的安排，相信人生就是痛苦的。

自寻伤害，通过受害得到人们的关注，才是他们的真正意图。因为觉得自己不会被人喜爱，只有通过受害才能获得人们的同情，所以他们的内心经常处于某种混乱状态，面对不幸的事情感到无助。他们时常感到很矛盾，既喜欢又憎恨被害的感觉，不利的情形总是如影相随，他们一直处于高压焦虑的状态中。如果有一天，你觉得他们看上去有一种受伤、步履维艰、可怜和挫败的样子，就应该明白那是面具在发挥作用。他们成功地伪装，只是这个成功的背后没有收获的喜悦。每个受害者的额头都深深烙下"可怜我"的标记。

> **受害者**的羞耻感源于
>
> 不被人喜爱、得不到幸福、无助、
> 悲伤、没有能力和宿命论。

受害者面临的挑战：受害者应该对自己人生中的不幸负起责任。明白自己的所作所为，就会发现自己是人生的设计者。他们需要要看穿受害者的面具，挖掘自己从中得到了什么，然后再决定所得与付出是否相当。

### 明亮照人的面具

#### 玩酷的人

拥有耍"酷"面具的人会想尽一切办法让你相信，他所做的事情都很酷，没有必要担忧，一切都在掌控之中。"事情很好，有什么问题吗？"是他们的座右铭，即使周围的人对他们感到愤怒，他们也深信没有必要去改变，因为所有的事情还是原来那样。这些人显得漠不关心，忙于自己的活动，而不会过多关注外界发生的事情，因此他们常赢得容易相处的赞誉。

因为害怕触礁，这些人展现出一副自信的形象，即使处在不安稳的状态中也始终如此。在平静的外表下，他们其实不懂应付他人和外界，有着担心不可预测的事情发生的悲观信念。当面对恼人的朋友、消沉的家庭成员或愤怒的客户时，这些人总是面带微笑，不愿让别人的问题穿破他们用冷漠编织的防线。

玩酷的这类人实际上是骗子，他们能够轻松地将真实情感隐藏起来。当遇到不满、愤怒或其他消极的情绪，他们往往倾向于朝阴暗的一面去考虑。如果他们承认自己内心深深的绝望，就可以挣脱地狱般的恐惧，找到表达自己真实情感的方式。这些人会选择通过购物、做瑜伽或去舞厅等活动放松，摆脱他们内心的问题。

> **玩酷的人**的羞耻感源于
>
> 无能、过度敏感、失控和懦弱。

**玩酷的人面临的挑战**：玩酷的人的难题是怎样得到人们真正的认可，并学会包容这个不完美的世界。一种原始的冲动让他们力图完美地去表现，戴着"酷"面具的人需要减少对外部世界的关注，多花一些时间用自己的内心去感受。玩酷的人必须勇于面对失控时的恐惧，这样他们将认识到缺陷实际上可以使自己显得更人性化，从而拉近和喜欢他们的人之间的距离。

### 精　英

精英是各类人中最具人生动力的一类。虽然看上去很成功，但是他们太过忙碌，超负荷运转。他们沾沾自喜，在同一时段内处理很多项目，担任了很多理事、董事的职责，在繁重的工作面前无人能敌。不管干了多少活，他们都无法满足自己追求成功的强烈愿望，而这些成就是抚慰他们受伤自我意识的养分。他们的危机感驱使自己去争夺胜利果实，不惜一切代价，甚至把其他人踢到一边。在外部世界取得的成就是他们衡量内心世界的标准。

狂妄自大的自我膨胀情绪流露了精英们侵略的本性。他们是只看结果不论过程的行动派，对于自己和别人不会多花无意义的精力。他们是完美主义者，看不起所有碌碌无为之辈，对事物的掌控也到了细节化和极致化。与他们为伴的人就受苦受难了，精英经常训人且不留情面，对待他人表现得不耐烦，评判所有在身边为他们服务的平常人。很少人能忍受他们的旺盛的精力，也很少有人跟得上他们的疯狂的节奏。

精英理所当然地认为自己应该从雇主那里得到更好的待遇和福利，结果是他们不切实际的想法往往得不到兑现，所以他们很难懂得为什么自己还过着平常人的生活。

由于内心没有满足和安全感，这类人一刻也不能安分。这类人中的最佳形象就是各类天才，最坏形象是不顾一切的权力追逐者。

> **精英**的羞耻感源于
>
> 毫无价值、不如其他人、沉闷、平庸、无用和恐惧。

**精英面临的挑战**：精英的最大问题是不完全以自己的所作所为来衡量自己。当精英开始赋予人生除成就之外更多的内涵，他们就可以学会摘下面具，停止对成功永无休止的追求，满足于已取得的成绩。只要他们明白到干得多不等于出类拔萃，体会到取得成功并非是衡量自我价值的手段，而是一种人生经历。他们要明白个人的价值就在于成为自己，不一定需要成功的点缀。

## 聪明人

知识和信息是聪明人的财富，也是他们战斗的武器。这样的面具是由于在他们早年时期，觉得自己愚蠢、不够优秀而形成的。聪明人天生反应较快和记忆力强，有很强的吸收和消化信息的能力。他们运用这些智力天赋脱颖而出，保持高人一等的地位。他们常常看不起人，这可以通过他们经常纠正朋友、家人或同事的口误看出来。他们觉得自己理所当然是百科全书，十分狂妄自大。

在生活中，聪明人喜欢摆酷，喜欢表现出超然于世的样子，依赖逻辑而不是感觉来采取行动。他们不允许自己受困于情感问题，而更喜欢以所谓的理性来证明自己的观点，并认为其他人感情用事。在这场对或错的争辩中，其他人想赢是不可能的，因为他们总是不容置疑的。他们十分善于站在自己的立场巧言善辩，即便有时事实证明他们错了，也会为错误创建一套观点和说法，以支持自己的观点。

人们很难和聪明人十分亲密。与他们相处或恋爱，他总会与你保持一定的距离，至少无法在感情上相接近。如果遇到难以处理的感情问题，他们就会表现出不感兴趣，并渐渐疏远对方。只有当事情在掌握中，他们才会表现出关心或在意。有时他们甚至会宣称恋爱，但却很难真正倾心于某人。一旦精心打磨的面具可能遭到破坏的威胁，他们就会马上撤退到坚不可摧的逻辑堡垒。他们最担心的就是自己在充满智慧的外表下，其实完全是一个傻子。

> **聪明人** 的羞耻感源于
> 
> 不够优秀、没有竞争力、害怕、
> 感情受挫、愚蠢和犯傻。

**聪明人面临的挑战**：对聪明人来说，放弃依赖一成不变的理性思维，允许自己去探索难以把握的未知的感情世界，聆听心声，是非常大的挑战。他们必须认识到自己虽然知识丰富，但只有通过自身的平衡才能学会与人相处，和他人建立起真正的亲密关系。戴着聪明人面具的人只有走出自己的心理壁垒，使自己敞开胸怀去接受其他人的想法，感受自己的情感，才能建立与人的亲密联系，对其他人感同身受。

### 爱开玩笑者

喜欢开玩笑的人是各类人中最不把严肃或悲伤的情况当一回事的人。虽然他们可能有很强的幽默天分,但戴着"玩笑者"面具的人其实是在用喜剧效果建筑内心的自我防御。他们其实非常敏感,同时也很害怕失去与人们的友好关系。他们说话做事都是玩世不恭的,因为不善管理自己感情上的欲望,所以很难与人建立真正亲密的关系。他们在与人交往中总是优先考虑别人的事情,想让别人喜欢自己,让自己看上去好相处又有风度。这样他们就能掩饰自己的不适感了。

如果他们的幽默感有时失效,那往往是因为疏忽了周围的环境,也没有配合好身边人的情绪。因为他们太热衷于取悦他人了,从而失去了对自己行为的辨别能力。只要自己的举动能引起人们的反应,即使只是消极的反应,他们也会相信自己还在控制局面。年幼的时候,由于父母严厉和一丝不苟的性格,他们没有与父母建立起亲密的关系,随后他们发现有时调皮的举动会赢得大人的爱和关注,这也许就是造成"爱开玩笑者"面具的最初原因。

揭开快乐幽默的假面,爱开玩笑者的内心事实上是很悲哀的。为得到周围人的爱和认同,他们强颜欢笑。虽然看上去很快乐,也善于调节自己的心态,但他们常常暗自神伤。对爱开玩笑者来说,最大的悲哀就是即便赢得了人们的喜爱,他们对面具下真正的自己还是一无所知。我们都曾听说过历史上一些著名笑星的悲剧故事,他们的心里一直不踏实,担心一旦自己不再表演,就不会再受到欢迎。

> **爱开玩笑者**的羞耻感源于
> 不可爱、沉闷、体现不了价值、拒绝、
> 不够特别和不真实。

**爱开玩笑者面临的挑战**：爱开玩笑者首先要意识到幽默感并不能保证自己得到想要的爱，只要面具还掌控着他们，就无法与人坦诚相对、真诚相交。他们需要从内心建立起一种自信，相信自己不论是否有趣，都值得人们用心去爱。他们应更加专心聆听别人的话，而不是自己滔滔不绝，这样有助于表达真实的想法和观点。总之，喜欢开玩笑的人必须接受内心所有的感情，找到自己在幽默感之外的价值。

### 名人拥护者

名人拥护者内心渴望着一种高调的生活方式，但由于自身没有卓越的才能或非凡的领导力，他们只好把自己放在为大众爱戴的人身边，以期获得想要的生活。名人拥护者通常会跟随地位较高的人，他们可能会做个人助理、随行人员、导师喜爱的徒弟、政治代理人和神童妈妈等。这些人被照射在名人身上的镁光灯所吸引，他们作为支持者或拥护者的角色的真正目的就是能够取而代之，走向前台。可以说他们像寄生虫一样，寄生在成功人士的身边，用他人的成功来填充内心的渴望。

名人拥护者不仅想分享公众对"宿主"的关注，更有甚者，他们想把名誉从"宿主"身上偷下来。偷盗他人身份是他们不为人知的欲望。不知不觉地，名人拥护者开始效仿自己仰慕的人，接受他人的信仰和行为，甚至开始模仿他人的举止和模样，以为这就是名人的魅力所在。他们可能与名人的朋友结交，与名人业务上的合作伙伴交换名片，希望自己也能很快被发掘，一举成名。开始的时候他们对"宿主"采取支持而可亲的姿态，但嫉妒使他们越界，破坏了正常的友谊和业务关系。名人拥护者清楚地知道，没有"宿主"的认可，他们就会失去权利、地位和机会，所以他们努力工作以确保自己的位置。

他们愉快而又勤奋地为地位高的人工作，而对待不如自己的人却粗鲁和盛气凌人。事实上，这两张嘴脸清楚地展示了他的本性。大多数的摇滚明星、演员、政客或成功的CEO都有一串这样的跟班，借他们的威风，沾他们的光，背地里声称都是自己的功劳。

> **名人拥护者**的羞耻感源于
> 
> 一无是处、比不过其他人、没有才华、
> 没有安全感、不够特别和卑鄙。

**名人拥护者面临的挑战：** 名人拥护者的难题是走出拥戴他人的阴影，靠自己的能力建立声誉。他们必须首先认识到自己确实是依傍着他人的名誉，还声称都是自己的功劳；他们必须冒着失去在名人身边的地位的风险，去寻找真正属于自己的力量源泉。他们必须认识到自己和名人的社会作用是同样重要的。为治愈内心深处的伤口，他们必须学会谦卑和自知。只有先学会尊重自己，别人才会尊重他们。

## 强势者的面具

### 恶霸

众所周知，恶霸出现的时候，通常显得招摇和具有势力。这些人在学校里是坏孩子，经常辱骂和摆布别人。成年后，在办公室里他们照旧使用威胁或恐吓等手段来得到自己想要的。恶霸用武力来控制他人，秘密武器就是他人的恐惧。但其实他们内心有一种深深的恐惧感——怕被主宰或控制，所以利用别人的恐惧。恶霸有天生的本能，能轻易抓住别人的弱点，把那些胆小懦弱、缺乏勇气的人作为自己的猎物。恶霸看上去很强，是因为他们会选择比自己弱小的人作为猎物。恶霸的内心深处有种不安定感，同时也受着一种很深的空虚感的煎熬。

恶霸是伪装起来的胆小鬼。他们永远也无法摆脱恐惧，试图通过征服别人来弥补内心的空虚。因为恶霸受到的伤害很深，容易受惊吓，以至要不惜任何代价来证明自己比别人更强大。在恶霸咄咄逼人的面罩下掩盖的真相是，他们害怕真实的自己被发现，害怕自己的渺小被暴露。

> **恶霸** 的羞耻感源于
> 弱势、胆怯、缺乏安全感、
> 无助、害怕失去和懦弱。

恶霸面临的挑战：恶霸应当认识到虽然武力可以赢得短期的胜利，但同时也会给他们招来很多敌人。他们必须找出并承认自己的弱点，然后包容这些弱点。当恶霸承认自己也有感到无助的时候，他们才能真正变得强大。

## 救世主

救世主是人们精神依赖的对象，同时他们也需要大家的依靠。这类人被捧为一切的引导者，知道如何帮助人们改善生活。他们也以自己能为其他人提供帮助、为人信赖和爱戴而感到自豪。当事情的进展不如预期时，他们常用的托辞是："要是你照我说的去做就好了。"救世主很需要别人向自己寻求帮助和安慰，因为施予是他们自我满足的主要途径。这听上去有点自私，不过他们看似纯粹的初衷本来就含有自私的成分。

救世主们觉得只要自己凌驾于痛苦之上，控制身边的一切人和事，就可以不再感到苦痛了。他们承担起有求必应的角色，这种身份让他们感觉自在，还能令他们忽略自己内心深处的痛苦和伤害。从职业角度上讲，这样的人可能成为护士、临床医学家、医生或老师，因为这些职业可以令他们满足自己生存目的和价值——解救不幸的灵魂。

当救世主不被人们需要时，他们可能就会进行酗酒、吸毒等自我伤害的行为。经仔细观察，这类人往往是戴着面具的狼，把接受他们帮助的人当作猎物。他们把自己所有的时间、精力和财力用于照顾其他人，为这些人解决困难。他们从中得到了自我膨胀的资本。救世主认为获取他人的爱戴首先要舍得付出，牺牲自己去满足其他人。

要看穿救世主的面具，只要询问他们的生活状况就可以了。几乎没有例外地，他们的话题总是围绕着他们帮助和照顾的人。通过帮助别人的生活，他们间接感受了人生，但同时也没有了属于自己的生活。他们的自我牺牲精神并没有实际目的性——不是为了事业、家庭、配偶或爱人。

> **救世主**的羞耻感源于
> 
> 贫穷、无用、绝望、被冷落、
> 自私和比不过其他人。

**救世主面临的挑战**：救世主的挑战是能否意识到通过帮助他人，自己其实得到了很大的满足。救世主总是出现在危难时刻或事情发生戏剧性变化的时刻，而他们也总是能破解各个险境，只是往往忽略了自己的需要。因为得不到真正的感激和关心，也得不到与付出相应的补偿，他们感到不满和苦涩。他们最难承认的一点就是：自己是为了得到才付出的。当他们勇于承担起自己的伤痛，找到自己真正的价值，就能获得健康有益的人际关系，过上满意的生活。

### 英 雄

英雄从来都靠努力工作来拯救世界，为了他人的安全而牺牲自己。英雄把世界扛在肩上，他们深信其他人要么是无能为力，要么是虚有其表而已。英雄强负荷的工作量，不管是为了拯救世界，还是保护自己的家庭，都使他们有一种优越感：他们是这个世界上不言而喻的英雄。他们深信如果不做好的话，所有事情都会支离破碎，因此强迫自己去做所有事情。

英雄那种"神圣"的角色使他们跨界去做一些周围人做不到的事情。普通人对他们来说没什么用，除非普通人也加入他们的行列。英雄是掠夺者类型中最善良的一类，因为只有在拯救世界时他们才会找到猎物。不幸的是，他们自己也会得到报应，当完成不了高强度的工作的时候，就会感到强烈的负罪感和羞愧感。英雄是人们生活里不言而喻的中心，他们陶醉在自己的任务中，却常常不为周围人所理解，而且总以受伤告终，毕竟他们付出了这么多。英雄有一个操纵别人的名正言顺的理由，就是把这个世界或家园变得更美好。英雄们无所不知，并相信自己是超于普罗大众的。渴望别人承认自己有价值使他们具有一种深藏于内心的冷漠。

**英雄**的羞耻感源于

不负责任、自我沉醉、失控、
无助、被遗弃和无用。

**英雄面临的挑战**：英雄很难接受这样的事实，那就是他们的动机并不如表现出来的那么高尚无私。从每一次自我牺牲中，得到他人尊敬、崇拜，都会使英雄受伤的自我得到安慰。通过认识到自我的深层需求——牺牲自己来得到人们的认可（让自己感受被爱），英雄可以用一种更负责的态度，理性地选择为别人和为自己做的事情。

## 硬汉

铁石心肠是硬汉用以掩饰自己暴怒本质的盾牌。他们冷酷无情，对别人漠不关心。他们自称为掠夺者，用种种借口，如曾经被生活击垮，成长充满痛苦和曾被剥夺自尊等来证明自己的行为有充分理由。硬汉常常向人们透露这样的信息：不要打扰我。硬汉给人的感觉通常不那么坏，他们只想单独一人，只有在他们受威胁或被挡路时才会来打扰你。

这类人常出现在劳教所、法庭或监狱，因为对他们来说守规矩太难。如果是男人中的"硬汉"，这些人会为自己感到自豪；如果是女人中的"硬汉"，她们母性中的温柔面会被隐藏在冰冷的外表下。硬汉被一种无助和悲伤的情感驱使，这一切都源于自己的生活。这些人不仅为展示真实情感而羞愧，并且他们的生存似乎是建立在坚硬的外壳上。

> **硬汉**的羞耻感源于——
> 无助、软弱、贪婪、易受伤害、懦弱和失望。

**硬汉面临的挑战**：硬汉面临的挑战是要在坚强的外表下，试图保护自己易受伤害的情感。虽然这种面罩能避免潜在的伤害，但同时也使爱、成功和亲密远离自己，而这一切最终只会导致更多的孤单。这类人可以用更健康的方式控制自己的冲动，保护受伤的心灵，而不妨碍自己去感知人类所有的情感——包括爱。

### 虐待者

虐待者极易伤害别人和惹麻烦，这类人有着强烈的操纵欲，是所有掠夺者里最恐怖的一类。虐待者从心理到情感上都十分好战，总在搜寻下一个猎物，以便自己能从深埋在心头巨大的伤痛和哀怨中解脱出来。虐待者为了比别人更好、更强和更有力而活着。

虐待者最危险的地方是他们的伪装能力，通过各种形式的面罩来掩饰自己的恶魔本质。他们可以假扮成慈善大使、教徒、乖孩子或是好丈夫。

每当把怨恨转嫁他人时，虐待者就会感到宽慰，所以他们总是四处寻觅可被利用的人。没有人能逃脱他们愤怒的攻击。如果你有虐待者想要的东西，你就要小心了。这类人歪曲事实的本领比任何人都强，最终让自己和别人都相信他们说的是真话。

在史考特·派克（Scott Peck）所著的《撒谎之辈》(*People of the Lie*) 一书中提到："恶魔的特质之一是，他们有混淆人们是非的欲望。"虐待者擅长反败为胜，把事情弄糟，还诱使猎物相信自己有问题。他们撒谎，但又指责对方是个骗子。虐待者诡计多端，一种武器是拳头，另一种武器是他们的舌头——具有欺骗的技能。当他们骂人，他们会觉得被骂者活该被骂，他们几乎完全不会寻求或接受帮助。

如果你跟虐待者有任何关联，我强烈建议你寻求专业的帮助。

> **虐待者**的羞耻感源于
>
> 懦弱、受伤、无助、欺骗和破坏性。

**虐待者面临的挑战**：虐待者的难题是认识到自己给别人造成的伤害，他们往往要么缺少良心，要么良心很早以前就被埋葬了。为了获得痊愈，他们应当认识到把自己的怨气撒在别人身上或许可以暂时缓解内心的压力，但这种伤害别人的行为最终会变成对自己的羞辱。虐待者必须寻求他人的宽恕，找到自我的价值。当虐待者停止内心的暴力倾向时，虐待别人的行为也会随之而去。

## 揭开面具，表达真我

如果你坚持戴着也许在10岁或18岁就形成的面具，那么你还会走很多的冤枉路。你会在恋爱中受伤，精神上折磨你的孩子让他屈服，伪造简历，雇枪手为你写论文，和陌生人发生性关系，欺骗自己的爱人，欺负比你弱的人，以及虚张声势伪装自己。只要你坚持不承认自己的缺陷、弱点、伤痛和偏见，就会口吐侮辱其他人的话语，把钱赌光，毁掉自己的职业生涯，勒索你的合作伙伴，吹嘘你的生意，以及纵容身边的人干坏事。

如果在生活中你习惯掩饰自己的原意、戴着自己的面具，那么你就必须努力地掩盖各类真实的情感。比如，不想笑而微笑，做自己讨厌的事情，想说的话不能说，任何时候都假装和善，故意踏入困境而显示自己受害，力争上游而证明自己优秀，衣着暴露吸引别人的目光，毁谤他人，欺骗他人来证明自己的成功，假装为诚实的好人，从事讨厌的工作，成了瘾君子，精神上折磨你周围的人，这些都是人们戴着的面具的体现。最终，你不得不承受与自己为敌的痛苦。

你到了必须做出抉择的时候了。你是打算摘下自己的面具，还是只想把面具修理一下，给它涂上点颜料，注入一些能量，给它穿上新衣？还是选择毅然地把面具拆了，开始体验充分表达自己天性的感觉呢？也许我们大多数人选择的都是修理面具，比如说换个发型，换个工作，找个新爱人，挣更多的钱等等，做一些能使自己感觉好一点的事情。但是，这样做只是让我们更好地适应面具而已。

为摘除戴了多年的面具，自由真实地表达自我，我们必需暴露内心的羞耻感和恐惧（它们长期为面具输送养分），了解到是什么使我们背叛了自己。我们必须不再迁就永不满足的受伤的自我意识，打开心扉迎接我们长时间忽视的、从未探索的新天地。

我们会发现这一过程并不如想象的那么困难，只要拿出勇气就能做到。有人攻击我们，对我们撒谎，背叛了我们，剽窃了我们的想法，利用我们善良的本性，出于嫉妒和贪婪霸占我们的所有。这类来自外部世界的野蛮攻击，使我们建立起虚假自我。而我们自身的顺从、贪心和对权利的欲望，促使了这些事件的发生。我们因为懦弱而无法摒弃自己的假面去生活。

我们必须打破孕育虚假自我的谎言之网，使自己与面具分离。当我们探索面具的起源，就会明白它其实来自于每个人内心受伤的一段往事。然后，当我们认识了自己的面具，也开始能够辨认他人所戴的面具，我们就可以保护自己，远离伤害。

朋友乔治曾告诉我，在非洲一个古老的部落，如果要表示支持、拥戴一个人，可以公开地把一副面具挂在支持对象的家门口。这个习俗是要提醒我们，人们在生活里都戴着各种面具。人们相信面具可以保护自己，去识别那些只知索取不知给予的人，并了解他们的企图。把面具挂在一个人的家门前，就是意在提醒他看清身边人们的各类面具，认识到在面具背后人们的本性。

我们必须注意面具掩盖下的真实动机。在我们习惯了与虚假自我为伍时，与内心深处的真实自我进行交涉是一项挑战。但是，当我们剥开与层层谎言、扭曲的事实、虚假的臆测和否认等黏合在一起的面具时，我们会重新获得内心的力量，深深体会到这一过程的益处。唤醒自己，不再迷恋于虚假自我，对我们来说是一次有价值的心灵旅程。

# 9

# 接纳自己，从否认中觉醒

> 当否认机制启动时，它其实是一个遇难信号，一个紧急故障的警告，就像内心的火警。否认是内在系统发射的一个信息：这里有麻烦，我们需要援助。

为攻破虚假自我的密码，揭开我们日复一日戴着的面具，就必须认识到自我否认这个心理功能，并从否认中觉醒。这样我们可以拥有直面自己的勇气，也让我们从自己的力量和天赋中获得乐趣。

相信不少人都听过"'否认'是埃及的一条河"这个笑话。〔出自谚语"Denial Ain't Just a River in Egypt."埃及尼罗河（Nile）的发音与英文中"否认"这个单词相近，因此有了这个笑话。其引申意思是"否认"已成为人们的惯性思维的一部分。——译者注〕但是，否认是自我意识的机制，可以剥夺人们的尊严，而痛苦是引发否认意识的催化剂。当人们的创伤不断扩大，直到心灵无法承受时，内心"否认"的开关启动，使人们陷于对一切事情的否定中。这与计算机的休眠功能非常相似：计算机仍在运行，但以一种节能的模式运转。同样，进入否认状态可以节省人们的精力，麻痹人们，不让人们有感觉，不让人们处理痛苦情绪。否认就好比给赛马带上眼罩，不被外界事物所干扰。这种状况下，我们通常会否认自己周围的事物，否认处境的现实性，否认对自己境遇的感觉和想法，甚至否认自己行为的后果。

否认是心理机制中一种自我保护功能，每个人都有这种功能，否认能使我们回避内心深处的痛苦。当痛苦超过可以承受的范围，人们没有方法应对精神创伤，就会自动进入否认状态。否认的心理机制起源于一个非常简单的原因：自我保护。当我们意识到自己被蒙蔽、被利用、被欺骗了，又或者我们在无意间对其他人做了这些事，心灵深处的耻辱和痛苦就产生了。这些感觉非常可怕、令人烦恼，所以我们只好走进否认状态。我们不愿意接受真相，因为承认真相的痛苦太过深重。我们否认外部现实，以求心灵安宁。即使我们很清楚否认只能拖延精神创伤和痛苦，给我们暂时的安慰，但仍然愿意保持否认状态。我们用否认充当盾牌，让自己免被无力改变的事情伤害。

否认为我们提供自我保护，使我们不受痛苦侵害。然而，与此同时事件引起损伤的严重程度也会遭到蒙蔽，使我们无法从中汲取教训。如此一来，日后我们可能会遭受更多痛苦。一方面，否认为我们提供临时避难所，帮助我们应对可怕的境遇；另一方面，它又使人们看不到自己的伤口。有益的否认帮助了数百万的犹太人，使他们在纳粹德国时期麻痹自己。事实上，如果否认的心理机制失效，不能再缓冲纳粹施暴引起的痛苦时，许多人会选择自杀而不愿再忍受折磨。生活里会发生不少毁灭性的境遇，引起人们的痛苦。比如说儿童时期被猥亵，做母亲的看着自己的孩子生病、死去，在经济萧条时失业，被所倾心的男子欺骗，被诊断得了癌症，在50年的婚姻生活后失去了妻子，所在的城市被炸毁或者被飓风摧毁，所有这些事件引起的痛苦，都需要人们用有益的否认意识来舒缓。

否认心理能帮助人们在艰难的环境下生活，应对自己不愿面对的现实。当别人对自己使坏时，否认成为我们重要的生存机制。隐藏痛苦后，我们会产生事情越变越好的希望。要完全控制痛苦的影响，我们需要认清，当否认机制启动时，它其实是一个遇难信号，它在疾呼：这里有麻烦，我们需要援助。

## 否认的危害性

有益的否认可以帮助和保护我们，有害的否认却会导致我们成为自己的敌人。当我们把否认作为一个简单的出路时，当人们不愿意面对某个发生在自己身上的特定事情时，有害的否认就会被激活。当现实生活需要我们做出违心的改变时，否认会破门而入。否认的原理是：如果不能追求更好（有益的否认把我们从配偶背叛的痛苦中解救出来），就会追求更糟（有害的否认让人们难以改变赌博的恶习，负债累累，甚至失去家庭）。许多人应在欺骗、赌博、吸毒、嗜酒或者虐儿等问题爆发前承认问题并改善状况，而不是等待问题积重以致不可收拾。大多情况下，否认会像朋友一样到来，或像敌人一样离开。

### 生活实例

当琳恩发现自己的男友过着一种双重生活之前，她早已深深爱上他。他追求她，拉拢她的家人和朋友，渗透到她的生意和工作，成为她生活不可或缺的部分。琳恩是一个成功的事业女性，周旋在几个颇有难度的项目中。她每天都感到焦头烂额，担心无法应付悬而未决的问题，这使她否认私人生活中的一切。她相信自己内心虚构的生活就是现实，所以当现实与幻想不一致时，她会很快地躲避、辩解和摒弃——这是否认的3种行为。

当琳恩回避直觉，选择无视它们的存在时，她就不再相信自己了。她背叛自己的认知能力，否认在自己的家庭存在着的不良问题。直到10年后，当昔日的男友变成现任的丈夫并挥霍了她所有的钱财，她才发现她自相矛盾的一面。否认也许在某些时刻解救她的一些悲痛，但是代价随后而至，她发现自己的银行账户被洗劫一空。

一旦我们背过脸，不承认真相，我们将不能辨别目前的处境。我们的头脑将不能明辨是非，内心会倾向于选择感情上较容易接受的现实。我们的否认机制开始启动，误导了直觉和较高层次的判断力。当我们妥协于现实，痛苦情绪就会是不受欢迎的入侵者。像大多数人那样，我们会做任何事情来避免陷入消极情绪的黑暗陷阱。

　　大多数人不仅否认自己目前的境遇，还会否认一些过往的经历，如否认自己童年经历的严酷待遇。如果施暴的人行为不太过分，我们还是会倾向于将我们的伤害感减到最小。所以，我们有时会为他人的行为辩解，以安慰自己。如果不这样，相当于承认自己确实可怜，这是一种难以承受的情绪。很多人也许已经认识到过去的伤痛，但仍然摆脱不了自我伤害的情绪，或者仍然待在旧的伤痛模式里，这很可能是由否认造成的。

　　无论是否出于自愿，也不管是否意识到，这是一个简单的事实：大多数人把日常生活中的苦难和不幸归咎于其他人。当我们开始自我伤害，或是当别人的伤害行为一再地冲击到我们时，很有可能是因为我们试图否认的愤恨在操纵我们。

　　如果希望挣脱否认造成的催眠状态，我们必须首先学会区别内心的声音。

　　对于那些受害者，那些发现自己被他人猎食的人来说，否认的声音是这样的：

事情不是很坏；
事情也许更糟糕；
我肯定做错了什么；
他不可能真的这样对我；
事情会变化的；
我能改变这个情况；
也许这就要消失了；

我会处理它；

我知道我在做什么；

这肯定是我的错；

人就是这样的；

你还能做什么？

对于加害者或掠夺者来说，否认的声音也是很普遍的。听起来也许像这样：

他们活该；

我不会和他们一起混的；

他们是自讨苦吃；

没有人会知道；

没有人会发现；

这样不要紧的；

我是情不自禁；

这些规则并不适合我；

如果不是我，也会有别人的；

我有权这样做，因为我年轻时别人也是这样对我的；

每个人都是只为自己；

事情就是这样的。

对自我伤害的人来说，否认的声音听起来也许像这样：

我以后会处理；

我一切都控制得蛮好；

再来一次；

这一点也伤害不了我；

明天我就收拾；

这对我有好处；

至少我不像某些人一样坏；

我没有时间；

这件事情可以再等会的。

一旦陷入否认的泥潭，我们就会坚信自己的想法，甚至别人努力唤醒我们去看清真相，也难以自拔。否认是最难鉴别的意识状态，因为它引导的每一个行动，都使我们相信自己很清醒。一旦完全意识到否认的功能，我们就能免受进一步的精神创伤，我们就会认识到否认不会让我们明辨是非，而恰恰与之相反。这是一种非常出色的自我防卫构造，它使我们看不到真相，因为真相会伤害我们或其他人。

## 难以停止的否认

处于否认的状态，人们可以不用知道"自己被伤得多深"，不用承认自己被侵犯或侵犯了他人。为他人的不良表现和行为辩护有许多方式，20世纪最流行的理由是："他们已经尽力了。"这句话是否非常适用？我们的父母、同胞、家人、老师、邻居、朋友、宗教组织和社团真的都已尽力了吗？也许他们不知道怎样做更好——不知者不为罪。

但是我想问，如果你剥夺了一个孩子的童真，使他不能无忧无虑地生活，享受童年的快乐，表现真实的自己，这难道不算一种犯罪吗？为什么允许人们"精神犯罪"却不必受到惩罚？为什么我们每一天都在否认情绪、心理和精神虐待？道理很简单，如果我们不否认精神犯罪，大多数人都将被送进监狱。我们生活在一个共同催眠的状态，认为打击他人、打击自己以及反抗整个世界，都是对的。心照不宣的催眠状态，使人们陷入痛苦的恶性循环，成为自己最大的敌人。如果不够清醒，我们将继续把自己的软弱和不良行为归咎于他人。俗语有云："你不说，我也不说"。面对无止境的精神虐待，我们选择继续背弃自己和他人。我们不仅伤害了他人的精神，也成了扼杀自己的主犯——扼杀自己健康的情绪、心理、身体和精神。我们不知不觉接受了精神犯罪，不断将犯罪执行到底，直到我们再也听不到内心本质的声音，或者再也无法认识崇高的自我。

我们反对自己的行为，隐藏了上帝赐予的真我天赋，却把充满羞耻、破坏性的有害信息填进内心。我们把有害的东西吃进身体，吸收自己不需要的养分。我们与爱人相分离，否认自己的性欲，或者我们背叛配偶、与陌生人滥交、阅览色情书刊或做出其他扭曲的行为。无聊八卦和小报消息充斥着我们的生活。我们将所有精力集中到他人的生活，却不关注自己的生活。我们总是把自己与他人相比，过分在意个人的形象和目标。我们否认自己的梦想，讨厌自己的工作。每一次我们否定自己内心高尚的觉悟，就是在给自己的羞耻感输送养分，并影响自己和他人的生活。

我们放弃自己的真实精神，接受各方面的谎言，谎言成了我们掌控自己的信仰。现在是挣脱否认、开始承认现实的时候了。我们根深蒂固的信仰，都有可能不是真的，它们可能是事实的一部分，更可能是谎言。大家都听说过盲人摸象的故事，当一个人不愿去看事物的整体，否认自己看到的仅是其中一部分时，他得出的结论就是一个谎言。当我们不接受其他事实，只通过有限的视角了解真相的一部分时，它就是一个谎言。

过去的经历使我们形成了许多关于自己的谎言。也许小学四年级的时候你很胖，是最后一个被挑选进接力队的人。就在那一刻，羞耻心使你开始不知不觉地对自己撒谎，以寻求自我安慰。否认的开关被扭开，与此同时你也看不到自己优秀的一面了。也许3岁的时候妈妈遗弃了你，你觉得她的离开是因为你不够可爱，从此以后，无论人们再给你多少关爱，都难以进入你的内心，因为你已接受了自己不可爱的自我否定的谎言。局限的视角使人们无法看到事情的全貌，否认属于自己的那部分。认清谎言的真面目，并承认自己的信仰并非都是正确的。那些使我们相信自己不够好、犯下错误、生活被毁或自认不应得到充实生活的想法，仅仅是虚假自我编造的一些谎言而已。这些谎言使我们以自己为耻，错误地认为我们不配得到关爱、金钱、健康和幸福。

每当我们受到伤害，就益发加固了谎言的作用，使自己没有力量站出来疾呼："我再也不会相信你说的了，再不会听从过去那些负面的信息！不会让自己再遭受虐待，也不会再欺负其他人了！"由于无力改变发生在自己身上的事情，这些事可能是发生在10年前、20年前、30年前，甚至是两个月之前，所以我们特别需要借助别人的帮助，走出过去的阴影。我们要自觉地为驱散否认的迷雾付出最大的努力。只有这样，我们才能揭开受伤自我意识建造的假面，勇敢面对一直以来回避的痛苦。

如果你想做出改善，就需要时刻审视自己，接受他人对我们坦诚的意见，同时检视自己的内心，看看内心是否存在回避和隐藏的东西。我们必须倾听他人的反馈，接受自己的缺陷，当需要帮助时不要犹豫。如果我们愿意不折不扣地执行，就有希望过上真实、充实和激情四射的生活。

## 被否认蒙蔽和迷惑

处于否认意识的控制之下，我们无法看清自己的行为到底有多出格。比如说，一个成年人与小孩一起睡觉，孩子的父母也允许这种行为，他并不认为自己有什么错，但是，肯定有人持有不同看法。

当大量的人处于否认意识的控制下，这预示坏事即将发生。而在他们的逃避、否认心态的纵容下，坏事可能会持续发生。如果人们纵容伤害无辜的行为，那么与自己罪犯也没什么两样。如果我们的邻居遭遇了坏事，我们是否可以说那与自己完全没有关系？否认意识会争辩说，那些人的事与我毫不相关，人只需要管好自己的事。否认意识使我们相信，自己已尽最大努力来管理自己的生活。另外，指责别人总比承认自己有问题要来得容易。

## 生活实例

一个良好家庭出身的孩子加入了演艺圈、染上了毒品,并且麻烦不断。他的父母发现问题后,充满了担心、害怕和恐惧,同时也迫切希望孩子能够康复。父母可能会带孩子去治疗,但不会认为自己也需要治疗。他们不会花时间去挖掘自己的问题,因为他们否认孩子身上发生的问题与自己有关。这个孩子继续到处惹麻烦,他持续不断地偷窃、骗取朋友的财产。而父母则认为,无论孩子做了什么,他们都会继续爱自己的孩子。基于自己相信的事实,孩子的父母始终认为自己是"好父母",每次事件中他们都会否认儿子给别人造成了伤害,慢慢地他们开始认为孩子这种糟糕的样子是合理的。这种合理化使父母蒙上了另一层否认的面纱,使他们不会为有这样一个失控、糟糕的孩子而感到羞耻,也不会感到作为父母的羞耻和失败。

这样的现实的确非常痛苦,所以父母继而试图帮助可怜的儿子。他们给儿子找体面的工作,对可以帮助儿子的人撒谎。当然对他们而言,他们认为自己说的是真话。当了解一点情况的朋友和亲人问及唐(我们称这个孩子叫唐)的情况时,他们会撒谎说情况不错,唐干得很好。但三十几岁的时候,唐与父母的朋友合伙做生意,骗去了父母朋友的钱。此外,唐还陷入了财务危机。这一次,父母终于相信其他人被儿子伤害了,但是他们又保释了他。事实上,他们甚至不愿意知道这些,这是另一种形式的否认。他们仅想保存颜面并使自己免受痛苦,却从未想一想纵容儿子的结果:唐接下来会去伤害谁?

我想问读者朋友,这个故事里谁是坏人?谁是欺诈专家?谁是共犯?纵容别人欺骗不也是一种欺骗么?这里我们看到人们是如何共谋的,羞耻和痛苦如何使我们变得自私。我们甚至看不到自己行为对他人产生的影响,更别提负责任了。也许你对这对父母的故事无法理解,但如果你有成年儿女,你可以设想一下,自己是否也会这么做?反过来孩子对父母的纵容也是一样。

### 生活实例

约翰是一个退休的房地产代理商,目前靠起诉无辜的人讨生活。他们的儿子罗尼这十年来一直承受这样的事实:亲戚们认为他的父亲没有做过正当工作或生意。虽然他一直谈论做某个生意的想法,但从未实现过。罗尼总为他父亲感到心烦意乱,他问父亲究竟是怎么维持富足生活的。每次约翰都拒绝回答,并且大发脾气(在否认状态下,没人喜欢被问)。罗尼放弃了追问,压制着自己的猜疑。然后他察觉到父亲诱使一批又一批的人参与高风险的交易,每次都以交易失败和丑陋诉讼告终。出于羞耻心,罗尼开始努力树立父亲的形象,夸大父亲的力量,否认他的虚弱。当罗尼做这样的事情时,他感到无望和愤恨。现在他和父亲在否认中相互串通,生怕道出真相后失去相互间的亲情。

我得再次问你，罗尼参与了父亲的犯罪吗？他是不是对被父亲伤害的人们负有一定的责任？意识到自己成为父亲的共犯，罗尼充满自责，总有一天他会因不堪忍受，说出实情和真相。

## 生活实例

吉尔和史蒂夫结婚已经12年。史蒂夫是一位大学教授，吉尔酗酒，是个摄影高手。吉尔意志坚强、直言不讳，工作出色。婚后4年，吉尔的酒瘾越来越大，为此每年总会出几次丑。例如在慈善会上口吐脏话，引起公众的骚动。不过因为史蒂夫和吉尔给社区捐了一大笔钱，周围的人对吉尔的行为还是闭口不言。只有史蒂夫和少数几个人知道，每次出丑，吉尔内心都会很惭愧，而表面却越来越具攻击性。她的攻击主要针对看上去比她差的人，以此减轻对自己的不良影响。

尽管很多人了解吉尔的事情，她的权力和地位使他们闭口不言。有人可能已经为一个大项目工作了5个月，而恰巧吉尔某个晚上不爽，此人就会倒霉了，被吉尔的诽谤、讽刺或者非难给毁了。她周围的每个人都知道实情，史蒂夫肯定也知道，但没人愿意站出来说句公道话。他们的正义感呢？"看看吉尔为社区做的好事""如果我去面对她，我将成为下一个倒霉蛋，或者我所处的慈善机构明年就会少一大笔捐款了""我不想是唯一那个没被吉尔和史蒂夫邀请参加7月4日聚会的人"。因为吉尔身边的人不愿面对事实,他们处于否认状态,减小了吉尔的负面影响,减轻了她的行为责任。这样,只会使她继续坚持自己的破坏行为,不仅伤害自己,也伤害其他无辜者。

现在让我们再看一遍,那些否认吉尔影响的人们,是不是应该负有责任,他们是不是导致伤害发生的共犯呢?受伤的羞耻的自我(通常用否认保护它自己)会说不,它坚持说:"毕竟我什么都没做,那和我一点关系都没有"。

为了使自己感觉好一些,我们总在寻找事实证明自己的正确,证明自己的思维、欲望和行为是公正的。这就是为什么会有那么多人从不寻求帮助,轻易愚弄别人。他们的观点、信仰和行动,都陷入了自我否认的泥沼中。

## 伴随着否认的羞耻心

2002年12月22日,美国《时代杂志》封面的主题为"揭发者"(The Whistleblowers),标题下是3位女士扳倒了安然的画面。但是,"揭发者"这个称号可以算一枚荣誉的徽章么?这是美国人对有勇气挑战最大商业欺诈案的3位女士所做的最好评价么?是否应该冠以"英雄"、"女神"、"勇士"或者"超人"这样的头衔?当然,不是每一个人对此标题的感觉都和我一样坏,但为什么不能给予这些女士更高的评价?我感到难过。我已经写了5本书,本可以做点什么事来改变人们对这三位女士的看法。但我没有这么做,我甚至没给《时代杂志》写封信,让主编知道我对标题的感觉。我对自己看不起"揭发者"感到十分惭愧，这就是我要揭露这件事的原因。当看到杂志封面时，我的第一想法是，我可不要做"揭发者"。羞耻感导致我没有做出任何行动。

我是一个揭发者，当然这只是一个笑话。然而这不正是我现在做的工作么？我一直试着将否认揭露出来，还原它的本来面目。过去10年中，我曾上百次想要把自己的大嘴封起来，但现在我不能再缄口不语了。我在羞耻感的梦境中清醒过来，我的行为就能代表大多数人，而不只是个人。

孩童时代，如果在学校的操场上目击不良行径，我们可能会不假思索地喊"别那样做！"或"那样不好！"如果坏人闯进了我们的家，我们会竭力保护自己的母亲、姐妹或兄弟。我们希望一切太平，乐于提供帮助，但现实却教育我们——管好自己的事就行了。当我们报告老师，巴里在操场上朝鲍比扔石块，我们就被同学看做是打小报告的人。这让人感到难堪、羞耻和痛苦。因为害怕站出来主持正义而被指责和错怪，结果我们畏缩了。我们否认了自己内心光明和赤诚一部分，因此适应了不必为他人的不良行为承担责任的现实。

如果从内心否认摆脱出来，你能阻止别人加害其他人么？如果你能阻止别人成为受害者，你会怎样做呢？如果你能够救的正是一个可为世界做出贡献，给人类带来更好生活的人，你会怎样做呢？你闭上嘴巴的成本和后果是什么？是不是自私的欲望加重了你的羞耻感，减低了你的压力，掠夺了你的尊严和自尊？或者还有更大的成本？

从马丁·路德·金的身上，我们可以得到启示。他是一位拒绝做旁观者和保持沉默的人，一个可以使整个国家反抗

# 好人为什么想做坏事
## Why Good People Do Bad Things

**否认意识，迎接真实的光明的人**。他的言辞被有的人认为吵闹、强横和具有攻击性，但他的愤怒和无畏带来了全世界的觉醒。马丁·路德·金向我们展示，一个拒绝否认的人的生活会是怎样的。他要求我们摆脱局限视野的束缚，站起来像灯塔一样照亮所有的事物，这被称之为革命。站起来大声疾呼，对驱赶公众的阴霾十分有用。今天，我们必须纪念这位伟大的世界级领袖，他生于我们之前的时代，但他的话语和勇气留给了我们。我们必须一起行动，不再闭上眼睛和嘴巴。去帮助一个受害者的生活，你愿意现在就做么？

只要我们的文化拒绝承担责任，继续强人所难，就会有更多的人对自己和他人做坏事。难以置信的是，我们当中有许多人在积极共谋伤害别人。这些事情就发生在基督教堂、犹太教堂和其他宗教场所，发生在政府、医院、司法系统和监狱，发生在我们的学校和家庭。每当做旁观者时，我们都在与犯人同谋。我们被安逸的生活消磨得太多，以致不敢用自己的行为来保护他人的安宁。

最近我与一位女友讨论此事。开始她还同意我们要面对自己，相互支持，但不到5分钟，她就退缩到否认意识中去了。她谈到自己一个就要被关进监狱，被判了4年有期徒刑的朋友，这个人挥霍了自己的所有资产，骗取了投资人2 500万美金的钱财。一会儿她说，为受骗的人感到难过，过一会儿她又说，要在朋友入狱前为他做个晚餐聚会。当我问及如果从受害者的角度，给这样一个重罪者办聚会是否正当时，她承认这是自私的想法。但她微笑着说："我朋友是个很有趣、迷人的家伙（大多数具欺骗性的人都很迷人），他给我感觉很好。"

一个自私邪恶、剥削他人的男人，而他在朋友面前却是一副迷人、有趣的面孔。并且，我的这个女朋友还觉得"他可能不是那样的人"。

　　如果我们自己不改变，谁会改变呢？如果继续蒙蔽双眼，我们也不过是加害者的共谋。为什么要做一个只对自己负责的好人呢？如果不发自内心地改变自己，怎么可能做好事情呢？如果我们直接干预事情，可能会收到很好的效果，然而我们仅仅是想努力地把其他事情做好，然后以此作为无法处理那些坏事的借口。倘若如此，即便在此后发生了再好的事情，也无法弥补以往不负责任对我们造成的伤害。

## 10

## 7种心理疾病和解药

> 高尚自我的爱与怜悯,会给我们带来光明。受害者和加害者,掠夺者与被掠夺者,会相互融合,共为一体。我们内心的缝隙也会愈合,回到最初的本质。

如果阴暗面的压力愈来愈大,羞耻感也不断累积,快要超出内心的承受能力时,人们最终会不惜暴露自己的伤疤,竭尽全力寻求帮助。摘掉否认的面纱后,一扇门打开了,伤痕累累的自我开始治愈,我们与高尚的自我再次重聚。无论你是受害者还是加害者,治愈的过程都是相同的。要调停内在冲突,我们必须以坦诚的态度,揭露自身的错误和缺点。只有在真诚地评价自己后,我们才能知道如何去平衡自己的天性,克服自己的弱点,并阻止负面的冲动。

如果你是一个受害者但拒不承认,或是一个被掠夺者却善于伪装,你将永远没有责任感,无法获得自己需要的资源。你会继续被迫害、被人背叛、受愚弄或被利用,以至否定自己天性。作为被掠夺者,你以一个受害者的身份出现在人前。

但我要告诉你，其实你也是一个加害者。只要你仍旧不能为自己的天性负责、不能保护容易受伤的内心，你将继续为了那些过错无意识地伤害自己。在这个过程中，你伤害的不仅是自己，还有其他人。所以，如果你是一个受害者，结束伤害的唯一方法是直面事实，接受真正的自己，为保护自己跨出重要的一步。

如果你是个加害者，你的任务是讲出自己真实的感受：关于内心的阴暗面、掠夺倾向，以及有意无意的欺骗和伤害。你必须认识到自己所作所为的后果。鲜为人知的是，所有掠夺者其实也是受害者。准确地说，你自身也是受害者，因为周围的环境使你难以独善其身。作为加害者，你伤害他人的同时，也在伤害自己。你将生活在伤害事件造成的影响中，你将被羞耻感萦绕和纠缠，不停地想起自己做过的坏事。如果主动控制自己的掠夺天性，找到适当的发泄途径，你就可以还原健康的面貌。你可以为自己定下一些规矩，以确保自己不越界、确保自己行为适当。你可以寻求帮助，以此来保证你不再伤害他人。

我必须重申这个观点：治愈的过程，对于受害者及加害者都是一样的。没有自我的领悟、理解与感知，就无法治愈受伤的自我意识。高尚的自我充满爱与怜悯，会给我们带来光明。受害者和加害者，掠夺者与被掠夺者，会相互融合，共为一体。我们内心的缝隙也会愈合，回到最初的本质。

高尚的自我具备一种能力，能够从边缘的视角，通过精神之眼，去辨认每种负面的特质、冲动及倾向。这种能力可以帮助我们回到平衡状态。治愈伤痕，要求我们扎根于真实。

二元性是自然的中心,如果没有黑暗,就不知道什么是光明;没有经历过害怕,就不知道什么是勇敢。碰到坏心眼之前,我们无法辨别善良的心意。在二元的世界里,智慧是通过对比和反差来获得的。总的来说,要进入平衡状态,就必须接受人性中种种看似冲突的特质,从而能在内部世界的平衡被打破之前,得到提醒。

保证自己处于正确轨道的唯一方法,就是在自己走入歧途之前,始终带有防范意识。我归纳了7种不良病症:过度防备、贪婪、傲慢、狭隘、自私自利、固执和欺骗。当我们疏于处理这些病症时,就可能导致自我毁灭。这些不良情绪对我们有害,如果找到与之对抗的力量,以治愈我们的伤痕,就可以让我们内心回到原始的状态。

在内心深处,我们既是掠夺者也是被掠夺者,我们必须同时接纳这两个部分。如果不能承认自身的二元性,我们就无法痊愈。当意识到自身的倾向及弱点,并能以更好的心态去面对时,我们就能够在真实自我与受伤自我之间架起桥梁,呈现自己的整体面貌。

没有什么事情比一个受伤的自我恢复健康更令人欣慰了。当低层次的自我与高尚的自我再次结合,我们就可以治愈、修正和超越自我。在治愈过程中,我们的心灵必须挪出空间,让高尚的自我回归。

最近,我与旧金山大学临床医学教授狄恩·欧宁胥(Dean Ornish)博士〔他是《爱与生存》(*Love and Survival*)等五本心理书籍的作者〕一起,参加了一个会议。在狄恩教授的演讲中,他展示了一幅幻灯片,幻灯片内写着以下两个词:

疾病（illness）

健康（wellness）

他问听众这两个词的差别，然后经过一个简短的停顿，他换了下一张。仍然是这两个词，但其中"illness"中的"i"（我）与"wellness"中的"we"（我们）被加深了，像这样：

**I**llness

**We**llness

欧宁胥教授的意思很简单，当以个体"我"存在时，人们极容易出现各种心理病症；当持有"我们"的集体意识时，人们就变得健康了。他已为我们提出了解决问题的办法。我们总是以个体的"我"的意识，以局限的视角去看待问题。如果仅从自身的角度去看问题，我们就会只关心那些可以服务于自己的事物，而察觉不到其他选择；我们就只想满足个人的需要，即使这可能具有破坏性或者不健康。

当人们明白到自我意识仅是一小部分，应将自身与"我们"的集体意识相融合，创造出完整的内心时，就会将自己和其他人联系起来，受到高尚自我的感召。要使内心变得真正快乐及完整，我们需要为了集体利益放弃个人的私利。

我们往往过分地追求成功、名誉、认同和归属感，渴望得到那些自己认为理应得到的东西，直到被囚禁在自我的小笼子里。我们的心灵创伤、痛楚和自我欺骗，都源自对"我"的过度注重。这是疾病的源头，使我们的美梦破碎，并成为自己最大的敌人。

当人们愿意敞开胸怀，对"我们"进行探索；当人们开始寻找和他人的联系，开始意识到怎样的行为对他人有益，并且能让自己与集体社会合作共存时，就会回到个人最真实的状态，从而回归健康，重新过上更有意义、充满激情的生活。

当自我重新回到正确的原点，人们会变得慷慨、谦卑、怜悯和完整，并与原始的破坏性倾向和平共处。这时，受伤的自我会被治愈，人们内心的光明与阴暗可以并存。然后，好的自我与坏的自我，真实自我与虚假自我，都可归于"我们"这一意识，齐心协力跳起生命的舞蹈。当与高尚的自我统一后，我们内心的裂痕就会痊愈。

7种不良品性——过度防备、贪婪、傲慢、狭隘、自私自利、固执和欺骗，其中任何一种统治了我们的意识，都会让我们内心世界的平衡受到威胁。如果不及时采取措施，心理疾病就会来临。这7种病症的威力是巨大的，像隐蔽的催化剂一般，驱使善良的人做出不义之举。你会发现每一种病症都是以自我为中心，在用"我"的个人意识对待问题时出现。

每种病症都是日常生活中出现的一种自然状态。当这7种病症被它们的对立面（精神上的解药）所平衡时，我们的内心将变得客观。这意味着我们可以选择体验这7种病症并利用它们。但这些病状需要对立力量的监管，否则我们无力控制它们。

这些病症存在于我们每个人身上，没有人能对潜在的危险免疫。人们可以通过有意地扶植对立力量，将每个病症带回平衡状态。慷慨是我们平衡贪婪的解药；谦卑是软化傲慢的良方；示弱会让我们不会太过保护自己；付出可平衡我们自私自利的倾向；诚实是欺骗的解药；宽容可以软化我们的固执；怜悯是偏执的良方。这些良药让我们超越局限的自我，带领我们重回"大我"的阵营。

心理疾病的症状就像一个"此路不通"的标志，警告我们现在已经遇到麻烦，告诫我们要对自己人性的阴暗面有所意识，有所防范。如果我们不听从这些劝告，自我伤害就会产生。

解药能缝合高尚自我与阴暗面的裂痕。我们应允许自己的阴暗面存在于生活中，我们可以处于中立，努力抵消那些破坏性的倾向，然后走向更真实的生活。

## 病症1：过度防备

生活在害怕被别人揭发、利用或羞辱的恐惧之下，我们会变得有所保留。为了感觉安全，我们在自己周围建起厚厚的墙，将自己与他人的信任和亲近隔离开来。当环顾四周的人和事，我们听到心里这样的声音："他们都是来害你的！"不安全感告诉我们，如果自己内心的想法被洞悉，自己将因暴露而被利用。人们在这种不安全感下去保护自己的弱点，掩盖自己的羞愧，并切断与他人的联系。

不安感是如此的危险，将我们与那些真正能够帮助自己的人隔离。如果人们持有自我保护的意识，就会表现出缺乏信任感、继而争强好胜或故作神秘。当我们开始思考可以与谁交谈，可以与别人聊哪方面的事情等，我们真实的感受就会埋得更深。我们开始对敞开心扉感到害怕，对允许自己被别人了解感到羞愧。我们将产生过度防范的心理，比如"一旦被人们发现，我会惹上麻烦""他们会对此怀有什么目的？""他们一定会伤害我"……当内心的伤痕和阴暗的冲动使我们出错，我们会感到不安、恐惧和羞愧，于是想将这些感觉与自己分离。我们先从宏观世界逃离，然后避开社会，最后连家庭及朋友的小圈子都不再参与，自我保护意识越来越强，而且害怕别人发现自己的秘密。

当我们封闭自己、掩盖弱点、认可邪恶的冲动和不再寻求他人的帮助时，我们就会破坏自己的人际关系，将不信任、偏执与欺骗充斥其中。孤立是一盏红灯，警告我们已经将自己与其他人、与世界的联系割断。如果不进行改变，我们将永远处于病态，并困于受伤的自我意识。

### 精神解药：示弱

健康自我最重要的一个作用是知道自己的优点与缺点，知道什么时候应该独处，什么时候应该寻求帮助。但在过度保护意识的支配下，我们不让别人发现自己生活的面貌，并且变得无法看清自己，无法准确地监督自己的行为，或是无法寻求自己需要的支持。我们将置身于巨大的危险之中。

事实上，我们需要外界信息的输入，我们需要与人接触，得到反馈意见，帮助我们认清自己和这个世界。过度保护意识将我们与有价值的信息圈隔离，再次回到这个圈子的唯一方法是改变自己，让自己变得不那么敏感、脆弱，从而让别人进入你的内心世界。

在过度保护意识的支配下，我们不承认自己需要与外界联系，所以构筑的墙越来越厚。但当承认自己的脆弱时，就可以与其他人接触，并依靠其他人。示弱使我们对别人承认："我需要你。"从困惑和自我否定中解脱出来，需要非常大的勇气。

你也许与其他人一样，不愿意看到自己易受伤的弱点，但真实的示弱是力量的信号。弱点使我们更接近生活，敞开心扉，允许自己与那些萦绕你的感觉连接在一起。自我是你最天真无邪的部分：犹如孩童似的，只想要变得善良，有归属感。

用否认或者封闭的方法抵挡伤害，只会让你无法敞开心扉去接受一直渴求得到的东西。示弱使我们明白只有承认自己人性中的弱点和谎言，我们才能获得安全感。在过度自我保护下，我们只能祈求上帝的帮助（因为我们无法自我调整），对我们进行调整和改善。

## 病症2：贪婪

害怕缺少爱、金钱或物质是贪婪的根源，导致我们的欲望愈演愈烈。害怕穷困，害怕需求得不到满足，害怕失败都会激发贪婪的欲望，并且引诱我们不计任何代价来满足自己的欲望。健康的贪婪也许会引导我们走向成功。然而，当贪婪的本性失去平衡，控制我们的生活时，我们就会变得饥肠辘辘，渴求更多的爱、金钱、地位和权力。

贪婪导致我们产生这样一个幻觉：能够满足我们的事物

都来自外部世界。我们成为无底之洞，觉得只要获得足够的东西，就万事皆顺。贪婪诱惑我们不顾一切满足自己的感情、肉体、或是经济上的要求，却使我们忘记了自己的行为给周围带来的后果。贪婪告诉我们，一旦征服了下一个目标，生活会变得更好。我们永不满足，企图获取力所不及的事物，为满足自身的欲望，即使违背法律或世俗也在所不惜。我们对一切视而不见，只看到自己的欲望，任凭自己走上放纵之路。而这条道路将导致自己的终结。

我们需要通过经常自省来发现自己人生中贪婪失衡的一面。也许我们对爱贪心，也许我们太爱虚荣，也许我们急切想得到世人的关注。我们想一蹴而就，成为无可匹敌的聪明之士，或是满腹创意的绝世之才。我们的贪婪也许会表现在对食物、快乐的追求，对朋友、孩子、伙伴或是伴侣的占有。

当贪婪失去了平衡，就会否认我们生活在双赢的世界，而不惜通过说谎、欺骗或偷窃等手段，千方百计地满足贪婪。它会伤及人们的自尊，有损人际交往，搅乱我们内心的宁静。可笑的是，只要贪婪的本性被人忽视，听之任之，人们就永远无法真正感到满意，永远欲壑难填。如果我们无法用宽容大度的心去平衡自大贪婪的本性，就注定会行为偏激和手段失当，我们会企图把一切归己所有，而不顾他人的需求。

### 精神解药：宽容大度

当贪婪的本性被宽容大度平衡，我们看到的就是最真实的自己了。虽然贪婪命令我们永远不要宽容大度，但宽容大度却告诉我们什么是满足：足够的爱、金钱和成就。当我们失去平衡，远离自己宽容的本性时，就会紧紧抓住一切自己能获取的东西，比如权力、世人的关注和爱，即使这些本该属于别人。我们常贪婪地质问别人："你为我做了什么？"但是宽容大度的本性却会问："我能为你做什么？"当我们用善良的宽容之心去平衡贪婪，就拥有了信任的能力，相信有足够的事物来满足自己。宽容里包含的关心和善良是我们的一种信仰，并且相信其他每个人都会得到满足。在这种信仰下，我们的胜利就会延续下去。

尽管宽容大度包括施与食物、衣物、礼物和其他物质上的东西。但我认为这仅算其一部分，宽容大度不仅意味着乐善好施，也包括一切无形之物。例如，凝神地倾听别人的观点，而不是千方百计寻找机会，在交流中插入自己的信仰和观点。当人们宽容大度地关注别人的思想、看法和行为时，就不会自私自利，同时我们也可以真正做到倾听他人的需求。

真正的宽容大度起源于我们隐秘的内心世界，万事万物都是由内心先起作用的。当我们对自身宽容大度，就会感到自身的价值。而当我们感到了自身的价值，自然而然就会将世间更多的事物囊括进自己的生活中。当我们与世间固有的宽容大度联系在一起，心胸也自然变得更加宽广，我们会安心地施与。正因如此，自身的宽容大度，会使我们更真诚的对待亲朋好友或泛泛之交，甚至素不相识的人。

宽容大度是一种精神胜利法，能够减缓和平衡人们贪婪的本性。宽容大度的优点在于施与者不会有任何的损失。真正的宽容大度，任何发自心底而没有任何企图的帮助——终将让我们得到善报。我们总能得到回报，而这类回报常常让人惊喜。开朗的心态能让大家团结起来，因为我们知道善行终有善报。当我们与高尚的自我联系起来时，自然也就得到升华。

### 病症3：傲慢

傲慢的天性依靠自信来伪装，表现为虚张声势。但它的根源是不安与害怕。傲慢是一种表现，它使我们表现出更强大、更聪明、更杰出的样子，以此来掩盖内心的困扰。因为我们觉得自己渺小、不起眼，需要通过吹嘘来证明自己的特别。我们试图抵抗自己不够好的恐惧感，采取自以为是的姿态，久而久之，我们就会真的认为自己比身边的人优秀。傲慢也许会引领我们进步，但它的动力来源于我们的软弱以及对自身力量的夸大。傲慢具有完美的幌子，使得我们能够操纵别人、不负责任、以至破坏秩序。傲慢以各种伪装在生活中出现，它让我们始终相信，自己的感觉即是事实，即使事实证明恰恰相反。

要知道傲慢在哪里，以怎样的方式出现，我们必须审视自己的行动。但我们常认为其他人的行为不佳，经常有"他们是傻子"或"他们为什么不这样做"的想法。我们从他人身上观察到一些自己厌恶的品性。无论什么时候别人丧失了真我，我们都必须引以为戒，这需要最大程度的谦卑。

傲慢会使人们不接纳其他事物，沉溺于自我评估中，失去识别阴暗面和坏事的能力。傲慢引起的肆意行动，使我们无法得到外界的反馈信息。傲慢控制了我们的意识，使我们盲目自信，高速前进，但方向却完全错误。当我们需要帮助时，因太过骄傲而不愿俯首，傲慢是使人堕落的罪魁祸首。唯我独尊是傲慢的表现形式。但你必须知道，我们越是认为自己重要，我们就越发变得无法自拔。

"这样做是因为我可以做到。"这是来自傲慢的声音。谦虚是对抗傲慢的武器，它让我们懂得，自己只是这个星球六十亿人口中的一员，我们所做的一切，都必须适用规则。谦虚平衡傲慢，迫使它退回自己的地盘。

**精神解药：谦卑**

敲开自己谦卑的人性之门，置身于和谐的整体中，我们能找到一种平和的意识。谦卑使我们能看到他人的善良意图，使得我们虚心倾听别人的意见，使我们加强接受自己与他人的能力。谦卑增强我们改变自己的意愿，拓展我们自省的视角。脱下虚伪的外衣，谦卑地认识自己，只有这样，才能让我们知道自己能够变成怎样的人。

有了谦卑的陪伴，我们不再去禁锢自己。当我们在傲慢中浪费时间，谦卑能让我们保存自己的力量。它将我们从自认为胜人一筹的牢笼中解放，取而代之的是去庆祝自己真正的卓越和不凡。脱下傲慢、辩解和貌似正义的伪装，我们可以抛开虚伪的遮掩，站在明媚的阳光之下。

内心的谦卑让我们了解到，自己并不比别人更优秀或者低贱。它让我们明白，在不同的场合，我们都有能力去做一件特定的事情，而这件事情恰恰是我们希望别人去做的。通过培养谦卑之心，我们学会用更多的精力审视自己，而不是对别人的行为评头论足。真实的谦卑让我们避免沉于阴暗，并帮助我们认识和接受自己的不完美。

谦卑让我们带着相同的敬意去接受自己的优缺点。谦卑使我们承认，自己并非与众不同，如此，我们才能够与所有人和平共处。否则，我们仍旧会被自己的傲慢蒙蔽，并做出破坏自己生活的行为。

我们的傲慢被谦卑调和而不再膨胀，于是，我们将活在更自由的生活中，我们会关注他人，敢负责任，并维持自己行为的完整。我们可以在完全不用害羞的情况下，谦卑地、诚实地坦诚自己的错误，然后从中得到启迪。当我们了解到自身的广阔性，就会自然变得谦卑。谦卑可以让我们看见自己的全貌，因为即使我们是聪明的、吸引人的或可亲的，仍然可以是说谎者、欺诈者及无能者。它允许我们对自己温柔和友善，无论外界以什么回馈我们。谦卑给予我们真实生活的权利，让我们挺起腰板，与世界分享自己的天赋。

## 病症4：狭隘

我们无法容忍他人，常常是因为对自己的缺点和过错感到羞愧。看到别人身上的优点，我们会感到厌恶与害怕，并且无法容忍。狭隘使我们时常去抨击别树一帜的人，如果不这样，就会导致我们为自身弱点而羞愧。优越是狭隘的虚假表象，狭隘的人内心的声音是："我比你更好、更优越。换句话说，比你更正确"。由于自己的渺小和不足，我们错误地认为，只要关注他人的缺点，别人就不会发现自己的缺陷。狭隘使我们在虚假的正义中得到快感。不知不觉中，受伤的自我在狭隘的影响下，筑起虚假正义的堡垒，以抵挡所有针对我们的责备与轻蔑。

对别人的不容忍，往往意味着对自身的不容忍。无论何时，当我们憎恨、羞辱或者抛弃别人，往往是因为我们害怕同样的事情发生在自己身上。如果要求我们回答，什么是不可容忍的，我们将承认"最害怕的是比不上别人"。

没有怜悯平衡下的狭隘，会变成自我主义的樊篱，隔离我们的良心。它是一种心理疾病，孕育分裂、偏执以及仇恨。狭隘以野兽式的方式，让所有事情都处于它的掌控中，然后去寻找和消除那些对立的事物。狭隘将我们的爱人、朋友以及其他重要的人赶走，剥夺我们的怜悯之心、沟通之意和爱慕之情。如果无法意识到这个问题，我们对于别人的责难，将会是另一种形式的灾难，把我们带入愤怒的生活里，并常常让我们孤独。

狭隘在生活中出现的方式不计其数。批评、谴责别人的生活方式、对老人和小孩不耐心、诅咒在路上的另一个司机、憎恨政治观点不同的人、责备人们没有宗教信仰等等，都是狭隘的表现。

当我们变得狭隘，就会事先假设什么是对和错，什么是好和坏，什么是有用或无用。在这种情况下，狭隘让我们无法用新的观点去看待问题，让我们停滞不前，无法找到一种更有效的与别人交流的方法，变得对他人的观点和立场忍无可忍。似乎只有这样，我们才能保证自己的生活是最好的。当我们接受顽固而狭隘的观点时，就再也无法选择新的观点、信仰,就会拒绝参加一切可能动摇自我位置的活动。

### 精神治疗:同情

我们必须用同情心、爱和理解来软化狭隘,以求内心的平衡。同情心赋予我们爱、耐心、接受和宽广的胸襟。当我们能对他人的事感同身受,就能接纳他们所有的事,包括他们的缺陷。同情也会帮助我们认识自己的弱点。受伤的自我意识干扰判断和抉择,使我们时常感到彷徨、迷失,但同情心却引导我们看到自己的好,使我们与自己心意相通,回归本我。通过同情的慧眼,我们把自己看做是珍贵的财富。

同情是狭隘的解药,它使我们站在他人的立场,以他人的角度去看待人生。要激发同情的治疗能力,我们只需要由衷地说:"让我从更广的视野来看看这件事情,让我来了解一下这个人,让我看看其他人的痛苦。"在同情的指导下,我们得以理解别人的痛苦和伤口。这样才能原谅别人对我们的伤害。同情使我们感受到更广义的痛苦,化解我们永远只是受害者的幻想。在同情的帮助下,我们的行动超越了固执己见的限制,超越了狭隘引起的羞耻和武断,使我们接近真实完整的自我。同情使我们明白,作为社会的一员,只有团结才能生存。我们意识到,只有扩展视野,才能正确看待自己和人类。

一个同情的举动可能会拯救一条生命。想象一下,我们惊诧于每天听到的关于贪婪、情欲、憎恨、狭隘和自私的故事。但同时,我们也听到有关同情的故事:一位有着两个孩子的父亲,冒着生命危险,从飞驰而来的地铁列车下救出陌生人,自己却因此失去了一条大腿；两个陌生人之间相互帮助，无意间改变了彼此的人生；人们无意间的一次善举，感染到他人，也会使他们一心向善。同情与憎恨，力量相当，需要我们正确把握。

同情心使我们超越小我的束缚，进入大我的领域、拥有洞悉个体的智慧。当我们变得博爱，我们也会拥有魔力，使最深层次的需求得到满足。同情是治疗狭隘最好的药方，对任何人都有效。

## 病症5：自私自利

如果说，我们因为自身的痛苦、损失和局限受到折磨，其实，我们更容易受自己想法的影响。过度热衷于自己的想法是灾难的标志，因为这样我们不太可能认识到自己所做的坏事。当我们只看到眼前的世界时，就很难避开潜在的陷阱。当我们沉浸在自己的快乐、悲伤、努力和苦难时，会认为自己的生活要比别人的更重要。我们会认为，在我们身上发生的好事，就是唯一的好事，在我们身上发生的疑难问题，就最难解决、最痛苦，也最具有挑战性。当我们只关注自己（或者我应该说成是"自恋"）时，我们极易感染"我就是一切"的综合征，它使我们只看到自己，看不到别人。

当然，我们害怕自己不够好也是正常的心态。我们的内心非常焦虑，害怕自己被视而不见，害怕自己无人照料，我们的精神渴求人们关注。我们不断向外界索求所需，这样"短缺"便滋生了自私自利。自私自利是现代社会的通病，人们几乎异口同声地说："我怎么样？""轮到我了！""我应获得更多时间、金钱、关注或物质！"热衷于自己的事，就会有意从外界进行索取。我们被自己折磨而感到痛苦，看不到自私自利已经让我们走向危险。

想当然的感觉，使我们走向自私自利。当我们觉得世界亏欠了自己，自私自利的天性便会让我们认为，我们可以得到任何自己想要的东西，如机会、他人的爱或众人的关注。我们觉得自己应当受到特别的待遇，无须理会其他人的感受。自私自利使我们盲目，意识不到它带来的危害性。自私自利的行为，会使我们感到一时的飘然，最会导致失去他人的爱、尊重，甚至自己的尊严。

自私自利还会产生自我陶醉的感觉。我们之所以将目光锁定在自己身上，是因为看不到小我与大我之间的联系。为他人付出和做出牺牲，是对抗自私自利唯一的精神解药。

### 精神解药：付出

自私自利的天性，使我们无法认识自己的另一面。这个侧面存在于每个人的内心深处，它使世界变化多姿。当无私奉献的自我来到面前，我们会明白每个人都很重要。我们明白了自己的责任感，就会本能地为他人和自己谋福。当我们打开心扉，把自我归入整体，我们就会醍醐灌顶般的觉醒，超越小我，得到平衡的心境。

我们与生俱来就有一种奉献他人、超越自我世界的渴望。付出是我们无尚的荣幸和责任，当沉浸于帮助他人、奉献社会、专注于付出而不是索取时，我们就有了全新的信念：我的心中有自己，也有整个世界。运用自己的才干去满足他人的需求，例如给下属加薪、排队买饭时给人搭把手，或是思考环境、精神等公共问题。这样，我们就能超脱个人的问题，进入更高的境界。如果我们愿意自己承受痛苦和不幸，去换取他人的利益，那么我们就已经从个人苦难中解脱出来。

付出使我们不再只关注自己的利益，而更多的是为人们谋福利。当自我陶醉的感觉与为他人奉献的渴望之间得到平衡，就会做出崇高的决定：不是出于自己利益的考虑，而是以他人为出发点。我们会体谅别人得不到满足的心情，并愿意牺牲自己的利益帮助他人。我们设想如何更好地为大家服务，提供帮助，慷慨解囊，甚至与自己的欲望相背也在所不惜。舍己为人的精神是神圣的天赋，在付出的过程中，我们有了归属感，成为有奉献精神的人。

## 病症6：固执

相对而言，我们可能会认为固执不是一种有害的性格，但固执同样是一种自我伤害的心理，会让我们为不变通而付出沉重的代价。固执的本质是一种否定的愤怒，或是被激怒后的坚持。

不论何时何地，只要有人威胁到信念或权利，只要感到有人在教导我们，或控制我们开朗灵活的本性，我们就会变得僵化固执。当缺乏表达的途径，或是不愿意直截了当地把愤怒表现出来，那么无法消散的愤懑只能憋在心里。不管自己的观念、想法和行为是否正确，我们都会坚守。

固执表现为令人讨厌的自负，对自己认定的对手坚持己见。固执就好像监狱的栅栏，只有得到允许才能进出内心的领地。我们紧紧坚守着自认为正义的领地，认为它可以保护自己不受外力的影响。在此过程中，我们牺牲了灵活性和开放的胸襟。比如说你在开车，虽然路上架有测速器，还坚持加速。所以说，我们固执的本性与自己的意志不相一致时，会发现自己的选择往往不太理性。我们不愿意换一个角度来思考问题，因而很难看到自己坚持不屈服的立场，会带来很大的破坏力。

固执直接引起的就是愤怒，并混合着恐惧和坚持。当我们意识到，自己对某事投入得太多、与他人争辩得太激烈、或者是把自己封闭起来不让外界信息传入时，一盏红灯就会亮起，警告我们不要被受伤的自我意识利用。如果忽视这盏红灯，我们只会错过很多生活中有价值的事物，固守着"正确"的名义。固执使我们认为快乐、爱和正确不可兼得，因而顽固地坚守已有的阵地。

### 精神解药：乐意

乐意就是愿意对新事物进行尝试，变换思考的角度，并承认自己不清楚未来会怎样。乐意是一剂精神解药，能融化固执的坚冰。只要我们愿意，就可以打开心胸，变得能动、变通、可塑。如果不固守原来的观念、判断或行为，我们就容易接受他人的建议，也能因此成长，得到更多的机会。

在乐意的帮助下，我们就有勇气承认自己不敢改变的原因。与此相仿，只有当愿意去了解时，我们才能清楚地知道怎么去改变。乐意使得人们有动力去采取行动，清理未了结的事务，放下心里的羁绊，缓和内心的顽固。

固执往往紧紧抓住人们受伤的自我意识，此以证明自己的力量。对大多数人来说，乐意就是放松心情，在愉悦的心情下，享受放弃的乐趣。人们要抛弃固守的观念，并不是一件简单的事情。这需要在生活中不受原有信念的影响，但是，这却是唯一一条带领我们到达亲密接触、感受真爱和满足身心的道路。

稍微思考一下，如果你更乐意接受他人的观点，你的世界将会怎样？要是你发现乐于改变事情对生活不起作用，你又会怎么样？要是你愿意放下对别人的臆断和猜测，让他们以不同的姿态出现在面前，那时的情形又会怎样？要是你质疑自己先前的想法、破坏性冲动和行为，想要展现高尚的自我，又会怎样呢？

乐意是上帝肥沃的土壤，是可以重新开创的园地，在那里你可以使自己不断进步，重新审视自己的价值。

## 病症 7：欺骗

我曾听说，撒谎的结局就是自己欺骗自己。这就是欺骗的危险。敲诈、勒索、逃税、上瘾和背信弃义实际上都是一种欺骗。瘾君子最擅长掩饰自己的行为，不断对自己和他人撒谎隐瞒。通常来说，奸夫刚开始总认为，自己只不过是享受了无伤大雅的调情，欺骗自己说，这样的行为不会导致什么后果。那些会骗人的老手，能利用某些事实虚构谎言，使我们难辨真假；那些勒索钱财的人，更是精于欺诈，可以一口歪曲事实，并把责任都转嫁给受害者。教你一个明辨骗子的方法，就是他们总是喜欢打探、掌握别人的情况。

欺骗的手段有些比较明显，有些则很隐蔽。例如，告诉别人自己的婚姻生活很幸福，实际上却一年多没有夫妻生活了；孩子的一切都不错，但其实他们从家里偷钱，还与问题少年厮混；逃税或做虚假财务报告都不要紧，因为大家都这样做。无论什么时候，当我们发现自己在撒谎、歪曲事实、编造谎言、夸大真相或做事违背本意时，必须意识到红灯已经亮起，我们开始骗人了。如果没有清醒的认识，这样继续欺骗下去，最终只会损害我们的人际关系、健康、财产和事业。

我们欺骗自己和他人，是因为难以承受事实真相所带来的痛苦，也不愿自己的身体、心理或情感需要得不到满足。这样，我们背叛了自己，步入欺骗的道路，希望借此使心里得到一些安慰，让面貌看上去精神些，被人接受和认同。向他人隐瞒自己的本性，能得到一些好机会，而一旦坦露真言，就可能失去它们。我们越是隐藏真相，越是要用更多的谎言来维系，这就是一次欺骗会引发多次欺骗的原因。

没有诚实相伴，欺骗的本性使我们迷糊了。生活不再简单直接，自己都记不清与什么人讲过哪个版本的"实话"。结果，我们就像得了妄想症，害怕不当心说出前后不一致的信息。于是，我们缩回自己狭小的世界，然后倾注所有精力，掩盖自己骗人的行为。我们生活在希望的假象里，似乎这样就可以得到更多的安全感、认可和爱。但是，建立在欺骗和谎言基础上的人生，就像海市蜃楼，随时可能土崩瓦解。我们的秘密将被揭露，也只是时间问题。到时，所有我们不想看到和承认的东西会一涌而出，把我们击倒在地。

*精神解药：诚实*

诚实作为精神解药，起着平衡欺骗的作用。它还给我们勇气去判断自己的言行是否一致。为防止欺骗造成的危害，诚实必须由心开始。诚实不是对外宣称的一种状态，而要从内心培养和耕耘。欺骗让我们隐藏弱点、缺陷和阴暗面，但诚实给我们勇气去接纳它们，把它们作为自己的一部分，把它们视作广义的价值和信仰内涵。

欺骗的行为常在意识不清的情况下发生。我们急于求成，被性欲、贪心、狭隘等引诱。诚实照亮了我们的冲动，使我们对自己的行为负责。诚实提醒我们，思想、话语或行动都很重要，因为我们的存在与广义的大我息息相关。

每次我们欺骗他人，主要是因为我们仅从自己的角度考虑问题。诚实可以抚慰自私的倾向，帮助我们明白他人的感受。如果明白到自己的行为会给其他人造成伤害，就不会做出如挪用公款的坏事来。如果出轨前能想起曾与我们携手共誓的结发人，那么我们也会三思而后行。如果我们真实地了解自己的行为会对父母、孩子、朋友、爱人和同事造成不良影响，那么我们也不会做出过双重生活或吸毒等事情来。

如果对自我没有彻底的认识，就不可能做到真正的诚实。把部分真相等同于事实，是另一种自我欺骗。不论我们是偷去一千元还是成千上万元，是偷享一夜情还是拥有长期的秘密情人，在这些情况下，诚实都输给了欺骗。

诚实的品性需要我们学会平衡自己的生活，使自己安于过去和现在。如果我们的生活一向诚实，那么我们行得正坐得直，不怕曝光。我们不需要隐瞒自己的所作所为，即使让其他人了解我们的日常习惯，也不会感到不自在。当欺骗的本性与诚实和谐相处，就能自信地让人们了解自己的工作、银行账户或信用情况，为自己承担的责任感到骄傲，为社区做出贡献，成为社区一份子。诚实让我们走上康庄大道，使我们保持自己的价值。诚实提醒我们,什么是真正重要的事物，并做出真实反映自我意思的选择。

如果我们过着诚实的生活，就不必担心其他的病症。如果我们能对自己诚实，了解自己真正的价值，当遇到贪心、提防、狭隘、固执、自私自利或欺骗时，就会先承认这些问题，再寻求帮助。当迷失了高尚的自我,诚实就会给我们指明方向。当欺骗使得生活中出现害怕、羞耻和不安，诚实就能够使我们回归内心的平静。

## 11 宽恕是一份礼物

> 宽恕是一个礼物,如果愿意施予这份礼物,我们将获得充满睿智、感恩、和广博的人生,但如果不给予自己或他人这份礼物,我们的人生将充满痛苦、不幸和折磨的循环往复。

宽恕是过去和未来之间的桥梁,是医治受伤的心的良药,也是使生命超越自身规划的良药。基于情感及精神的沃土,宽恕可以带来许许多多的爱、健康、和平、活力和成功。

很多年以前,有人给我一张卡,上面写着"无论问题是什么,爱都是答案"。最终,我相信爱就是精神的解药,爱有终结人们之间战争的力量,能修复我们内心的裂痕。当我们感到爱和被爱,就自然会做出对关心我们的人最好的抉择。但在感受到纯净、平和的爱之前,我们要学习如何给予自己和他人一份珍贵的礼物。如果愿意给予这份礼物,我们就将获得充满睿智、感恩、和广博的人生,但如果不给予自己或他人这份礼物,我们的人生将充满痛苦、不幸和折磨的循环往复。我说的礼物就是宽恕。

为弥合内心的裂痕，我们必须学会宽恕自己不尽如人意的地方，宽恕自相矛盾的要求，宽恕自己不健康的欲望，宽恕我们挑剔的眼光。我们必须与自己并与自己痛恨的生活和睦共处。我们必须宽恕自己所有的行为，以及因与别人比较而产生的阴暗心理。

我们也必须宽恕那些曾经伤害、欺骗和背叛自己的人，因为只有这样我们才能停止怨恨、争执和自我挣扎，停止消耗自己的生命。最终我们必须学会如何宽恕。我们必须愿意感受失望、沉溺、危险或骚扰带来的痛苦，并感谢造物主允许我们生活在充斥着这些事情的世界。

对于受伤的自我意识来说，宽恕等于承认失败。从狭隘的角度来说，只有在谴责、仇恨和报复之后才能获得真正的解脱。个人的小我渴望美好的生活，这是我们的精神安慰。由于他人错待我们引起的伤痛成为我们个性的一部分，我们发现沉浸在痛苦中会带来一种病态的宽慰。我们当中某些人认为，感觉痛苦比宽恕要好。我们拒绝解除痛苦，因为不想放弃自己是受害者的标签。我们拒绝宽恕是因为我们错误地认为自己将会让某些人（甚至是自己）从吊钩上解脱下来，或被要求遗忘生活中曾发生的痛苦事件。我们受伤的自我宁愿随之下沉，也不愿登上宽恕的救生筏。

但在宽恕之前，我们会一直惩罚自己。自我毁灭和破坏（无论是刻意的还是莫名其妙的、身不由己的）是自我惩罚的一种方式。你是否曾听过这种说法："内疚的人要寻找惩罚。"我们对自己罪行的内疚在潜意识里存在着。很多人很善于假装，似乎做坏事没有什么关系，所以他们继续重复不良的模式。

但是实际上,每次我们做了什么伤害自己或别人的事情,都会在灵魂上留下痕迹,然后我们让自己发生不幸,以尝试获得平衡,使自己从内疚和羞愧中获得解脱。这里有个很好的故事证明这个说法。这是最近发生在我的一个催眠师朋友身上的事。

### 心灵故事

斯蒂芬妮在为一个顾客服务时,她知道这个客户参与了一个非法的事件。在她催眠结束后,那个顾客拿出 150 美元收买她,看着她说:"我知道你会拿这笔钱的。"斯蒂芬妮在恍惚中拿了这笔钱,尽管她感到很难受。然后她离开了办公室去见朋友。几个小时后从她朋友的家里出来时,她的汽车找不到了。在几分钟的惊慌之后,她认为自己的车已经被偷,而朋友向她保证,车子只是因为违停而被拖走了。斯蒂芬妮很生气,让朋友帮她找车。在去拖车场的路上,她突然发觉拿回车所需的费用和"黑钱"金额差不多。拖车的费用加上挡风玻璃上贴的罚单,正好是她从客户那里接受的钱。她告诉我自己感到解脱,因为她良心告诉她拿这笔钱不对,而她也从外面世界得到了惩罚,解除了她的"罪行"。

很多人在潜意识中都背有很重的内疚包袱。感到内疚是因为我们做不了完美的自己。我们对于自己出于无知、报复或暂时的满足中所做的选择感到难受,对过分的放纵和不计后果的行为感到懊悔。很多人将这种痛苦掩藏起来，从不花时间考虑这些。我们觉得自己需要加快步伐前进，不让痛苦追赶上来，而痛苦就像影子跟着我们一样（事实上的确如此）。

然后在内疚、害怕和羞愧不断增加的同时，我们装出开朗的笑容，以塑造一个更能为人接受的面孔，并假装腐蚀着内心的事情并没有困扰自己。自我伤害行为的发生，是因为人们试图避免直接面对内心的痛苦。我们并不知如何处理痛苦、威胁自我的困窘和持续侵蚀自尊的羞愧。当我们面对无止境的痛苦时，绝望地保护自己的冲动会使好人做坏事。

但是，我们会发现人类被创造成一种自我惩罚的生物。就算成功地将羞愧拒绝在意识外，就算我们缩小、合理化羞愧感或假装羞愧感不存在，在我们心里仍清楚地感到羞愧的存在。我们知道自己冒犯了别人，知道自己欺骗了别人。在内心世界，我们认为自己做的比可以做到的要少。因此为了惩罚自己，我们暗暗地或公然地进行自我伤害，以期释放伤痛，因为我们觉得这是唯一可以治愈伤口的办法。

为了不完美的自我和过去的罪行不停地惩罚自己，这并不是通往快乐与健康的道路。反对自我只会使我们陷于羞愧、违规和自我虐待的循环。事实上，每一次我们纠缠于自我的错误和不完美，都会使自我受到伤害。许多年以前，我就考虑如何使来到休养所的人看到他们自我虐待的严重性以及后果。最终我找到一种方式证明其严重性和结果，让这些人得到了帮助。

## 生活实例

我举办的最有效果的讨论会是一个为期 3 天的研讨会,我把它称作阴影过程。在第 3 天,我把一个漂亮可爱的洋娃娃带到了会场,就像你在孩提时代拥有的那个一样。我捧起它向房间里的所有人展示,让他们把洋娃娃想象成他们内心的纯真的自己。然后我把这个可爱的洋娃娃放在椅子里,大家可以逗弄它。然后,在没有提示的情况下,我把洋娃娃拿起,严厉地看着它说:"你为什么要这么做?你这个白痴!你到底怎么了?你不应该说这些的!"

就在我用言语斥责它的时候,我拿起洋娃娃用力击打椅子。这时,房间里的每个人都在有点歇斯底里地哄笑,因为他们知道我指的是什么。"天哪,你这么丑,你长得像个废物,"我对洋娃娃说,"你应该更好地照顾自己。没有人会爱你。你是头肥猪。你不应该这么自私。为什么你不能把事情做对?你到底怎么了?你是个婊子。你这次搞砸了。你是个失败者。没有人想当你的朋友。"我一直对着洋娃娃喊叫,更用力地把它撞击椅子,直到洋娃娃的一个手臂掉了下来,它那美丽的头歪着,只剩一根线与身体连着。

然后我拿起洋娃娃,它的四肢都掉下来了,头垂在胸前。我尽力把它靠在椅子上,轻拍它的头,用我最温柔的声音对它说:"亲爱的,出门去吧,玩得愉快。创造一个美好的人生。去交一些朋友,去挣一些钱,你可以做到的。你可以做任何你想做的事情,可爱的孩子,世界是属于你的。只要想到，你就可以做到。"但是不幸的是，经过不停歇的虐待，我的洋娃娃似乎不能做什么了。

这个例子的意图是说明自我虐待是有影响力的。每一次我们因为犯错自我批评，忽视自己，严厉指责自己，我们其实都是在责打自己。我们就是那个洋娃娃，可能都长大了。但私底下，还是那个天真的孩子，希望自己好，取悦别人，得到爱，有影响力，能够有不凡的成就，有一个美好的人生。

小时候我们不曾预料自己长大后会变得可怕和易怒，不曾预料自己会失控、会自我毁灭成瘾，不曾预料会侵犯他人。我们并非有意识地成为受害者，被自己和他人一遍遍地虐待。这些事情之所以发生，是因为我们允许有害的羞耻感进入自己的生活，觉得这是自己应受的。这些事情是与真正的自我分离导致的结果。

如果我们不去修补自己觉得不好的事情，如果我们不爱自己、不关怀自己，悲哀的结果是我们可能是自己最大的敌人。

## 安抚内心，重获和平

如果不弥补自己对他人的过错，我们将不会宽恕自己。我们必须对自己的行为负责，并且打扫人生道路上的种种残渣。我总是对这种现象感到不解：哪怕我们知道改正以往的过错会使自己感觉好些，并且将自己从过去的错误中解脱出来，但很多人还是不去做这些事情。虚假的自我告诉我们"做了就是做了，怎么都不会改变，我现在没有什么可做的"或"我做了永远不能宽恕的事情"。虚假自我认为改正不是一个好主意，并使我们确信无法改正错事。但这并非事实。总有一个办法能改正我们过去的错事，我们需要去找到这个办法。

### 生活实例

最近，一位叫理查德的先生参加了阴影过程的讨论会。他从家族生意中偷取了几十万美元。他知道如果自己承认了欺骗行为，可能被父亲从遗嘱中剔除，并被赶出家族。他确信自己将会被毁灭，因为这种想法，他一直在自己的生活和生意中制造事端，以使自己变为大家眼中的不肖子。他没有宽恕自己。我和他坐在一起，帮助他驱赶自己的内疚，以使生活回到平静。他对于自己行为的内疚不仅影响了他的生意，还破坏了和妻子间的关系，并让自己远离孩子们。

我花了不少时间精力使他明白，实际上可以慢慢将剩下的部分财产返还给家族（尽管大部分的钱被他赌掉了），他可以每年花十天时间为当地的一个慈善团体（这个团体为孤儿做了很多事情）修葺房子和筹集善款，这都是赎罪的办法。理查德认识到自己应该以别的方式将钱还给家族。他承诺支持他们，在他们需要倾诉的时候聆听他们的话，并每周用一天的时间帮助残疾的姐姐，因此他可以从内疚中解脱出来。当理查德开始为自己过去的罪行赎罪，他的眼中出现了一种亮光。你可以真实地感受到他内心的转变。

为什么会发生这样的转变？这是因为我们是自己生活的

法官。我们必须宽恕自己,即使自己犯下过无数的罪行。否则我们的内疚将影响到自己的友谊、健康、财产、事业以及人际关系。感到内疚就要找到惩罚的办法,这是没法更改的事实,这是人类与生俱来的一种机制。如果接受这种事实,我们可以放下自己的否认,直接面对自己的羞耻和内疚,做自己需要做的,以使自己内心感到愉悦。在当下采取某种措施以弥补过去发生的事情很难,但一定可以让自己感觉好过些。实际上,如果每一个人都这样做,我们可以慢慢改变自己、他人和世界的关系。

这个过程中没有捷径。你可能想合上这本书,忘记尝试宽容自己,因为这看上去难以实现。但在做这些之前,为使你有勇气前进,让我指出你可以得到的回报:

听到高尚自我的声音;

对生活更有激情;

对将来更有希望;

感到有价值、真实的自豪;

快乐、灵感、尊严、成就感、自我尊重;

平静的情绪;

心灵和思想的解放;

对于安乐的天生的感觉;

对于未来生活的自由把握;

与周围的人有更深入的关系;

与爱你、尊重你的人在一起的希望。

宽恕是自我虐待和虐待他人的解毒剂。如果我们不勇敢地予以宽恕，我们肯定会重复过去痛苦的错误，很可能会更痛苦。我们肯定会为成功设置障碍，犯同一个错误。我们会始终生活在消极中，并不断感到内疚、羞愧和自我厌恶。每次我们经历了不幸，就可以用不幸来确认自己是坏、没有价值的或有缺陷的。我们也可以把不幸的经历视作对内心的暗示，也就是说我们要宽恕的还要更多。

怜悯我们曾犯过的错误，曾做过的情绪上（有些时候是身体上）伤害自己和他人的行为，是一种宽恕的行为。把我们对自己和他人仍抱有的嫉妒、怨恨和责备赶走，是一种宽恕的行为。真正的宽恕需要我们停止为了自己的错误和不完美鞭笞自己，并学会自我爱护。宽恕净化了我们的心灵，抹平了过去的经历，支持我们创造一个美好的人生。

尽管宽恕常常被视为给他人的慷慨礼物，但本质上来说这是一种自爱的行为，也是我们给自己的礼物。只有通过宽恕，我们才能得到力量，让自己在生活的道路上前行。当宽恕时，我们冲破了自身怨恨的束缚，从过去的牢笼中获得解放。宽恕使我们更加亲密，对于自己和他人更加关怀，并对未来充满了希望。宽恕在情感世界中创造了一个空间，使我们感受更多的爱、快乐、和平和自由；使我们放下了过去的负担，更加了解自己的现在和将来。

没有任何事情（的确没有任何事情）可以比宽恕带给你生命中需要的东西多。宽恕自己、他人、上帝和世界是唯一可以终结内心战争的力量。宽恕可以带来和平。

在《甘地自传》（*Gandhi: An Autobiography*）中，甘地说：

"憎恨罪行,但去爱犯罪的人。"我们应该理解罪行和犯罪的人之间重要的区别,才能够超越自我憎恨,解放我们的怨恨,放弃我们的嫉妒,开始宽恕。

我们必须懂得自己或他人都犯过错误,如果我们憎恨犯罪的人(我们或他人),就只是延续了罪恶的循环。如果我们可以区别罪行和犯罪的人,就可以开始修复灵魂,进入更高的境界,感受到和平、满足和充实。

## 宽恕他人,从心感悟

我最喜欢的精神导师埃米特·福克斯(Emmet Fox)曾说过:"怨恨使我们和对方紧紧绑在一起,比钢铁还要坚固。"你想要与曾伤害你、背叛你、欺骗你或让你一团糟的人用比钢铁还坚硬的绳索绑在一起吗?那是多么傻的念头!他们先把你的心撕开一部分,然后你把剩余的一部分也给他们。因为怨恨,你失去了自己的力量、心灵的平静和塑造新我的能力。如果你认为坚持自己的仇恨和怨恨,实际上是在伤害犯错的人,那我告诉你,很多人并不在意你受到伤害,这与他们毫不相干。实际上,你花费了宝贵的精力去恨的人已经死了。所以你现在不仅无法使用自己所有的力量,还把它们活埋在别人的坟墓里。很疯狂,对吗?

我们坚持自己的仇恨,有时仅仅是想证明自己是对的,别人是错的。可能我们仍在挣扎,想改变过去已经发生的事情,或者试图控制目前的状况。也可能我们仍爱着伤害自己的人,所以我们选择用消极的方式与他们关联。这些只是我们继续怨恨的部分原因。但无论原因是什么，如果我们想继续生活，过一个比现在美好的生活，我们必须宽恕。

我曾经历过多次苦难，某些肯定是自己引起的，某些可能是命中注定。无论这些事情是如何发生的，是谁的过错，是谁引发的，也无论我认为自己是受害者还是牺牲者，这些非常困难的时光都已经过去了。现在它们都结束了，谁对谁错都不再重要，唯一重要的是我是否能从这些经历中学到宝贵的经验。当我试图找到走向宽恕的礼物时，我总想花足够的时间思考一些问题：

*如何利用这次经历塑造更完美的自我？*

*如何用这次事件来抚慰我的灵魂？*

*如何利用这次教训来为社会做一些贡献？*

*如何使别人从这次教训中学得经验，帮助他们面对生活的痛苦？*

当生气或受伤时，我最不想做的事就是对自己提问。伤心和气愤让我觉得自己没有错。所以，我首先要消化自己所有的气愤和伤害，跳出自己的思维，合理化伤痛，进入内心纯真的世界——尽管内心敏感的部分让我继续疼痛。我必须张开双臂，给自己一些空间去做复原工作，远离过去，宽恕自己和他人。

我们不是为了他人而宽恕，而是为了自己而宽恕，为了自由而宽恕。佛学中有这样的道理：生气就像一个人抓着烫手的煤块，想把它扔在别人身上，但最终自己才是被烫伤的那个人。我们对他人的怨恨和愤怒让自己看不到更多的可能。怨恨使我们把力量和生命力都转给了别人，使别人能够夺走我们的和平、快乐。我建议你们把这些都拿回来：学会宽恕。

愿意释怀，加强自己的内心建设，这是我们成长和前行的必要条件。我们必须耕耘灵魂的土壤,除去无用的情绪杂草，这样我们才能为更新、更好的未来做准备。

当我们开始宽恕，就会做出理性的努力。如果我们对自己的气愤或怨恨感到不适，就可能会躲过复原过程中的几个步骤，对伤害赋予某些精神上的意义。我们可能会说"本来就会变成这样"或"这是上帝的旨意"。但这与真实相差得很远。宽恕需要我们植根于真实，接受既成的事实，为自己的行为承担责任。只有接受过去真实的模样，我们才能体验到真正的宽恕，我们才能从痛苦中获得智慧。要从过去的经历中有所收获，就必须撇开受伤的自我。通过更高的视角，我们可以看见事物本来的样子，为自己提供成长所需的经验。

值得注意的是，宽恕并不是让我们赞同恶劣的行径。实际上，宽恕让我们超越恶劣的行为，从这些经历中学到教训，并得到智慧。宽恕他人并不意味着自己会变得懦弱、容易被生活中的掠夺者打败或欺骗，并不意味着我们不会采取措施，以健康的方式保护自己，与企图继续伤害我们的人划清界限。宽恕使我们跨出受害者的圈子而成为强者，把情势看得更清楚，可以让我们采取必要的措施，使自己不再犯同样的错误。

宽恕的声音说"这是继续前进的时候了"、"我接受过去"、"这次经历能帮助我成为一个智慧、更富有同情心的人。"……宽恕鼓励我们释放自己。同时，它要求我们忘记自己受到的委屈，这样我们就不会再让过去把自己关在囚笼中。如果我们因痛苦而过度忧虑，因多年的怨恨、气愤和责备而受到伤害，就不能到达生命的顶峰。通过宽恕，我们可以公平地去看待过去，才能无障碍地继续前行。

当明白发生在自己身上的每件事都是有原因的，就会宽恕。当我们看到自己可以从痛苦或创伤获得经验和智慧，自然就会宽恕。然后我们内心的痛苦就会转为感恩的心情，内心的困惑也会消除。宽恕别人是明证，证明我们爱自己，可以对过去说再见可以继续前行，让过去留在身后。当找到勇气割断捆绑自己的绳索时，我们夺回了自己的力量。我们看到自己比愤怒要强大，比内心的伤害要强大。

选择了勇敢地宽恕后，我们将获得许多。但最重要的是，我们自由了。《奇迹课程》（*A Course in Miracles*）中写道："地球上最神圣的事情是把过去的仇恨转变成为当下的爱。"宽恕让我们在黑暗里找到黄金，在伤痛里找到智慧。

### 原谅上帝，与神对话

必须承认，在这一节我又成了一个揭发者。尽管大多数人也许不会承认，我相信很多人都对这个世界或上帝感到生气，这其实很容易理解。上帝本应完全支持我们，回应我们的祈祷，保护我们，在困难的时候照顾我们。可是，上帝并没有出现。我们失望了，觉得被辜负了。我们向上帝祷告，希望他能够带走我们的痛苦，保护像孩子一样的我们。我们相信如果上帝在我们身边，他会把坏事挡在门外。但这是生命中残酷的事实之一：当罪恶来袭时，上帝没有保护我们。有些坏事情必然会发生，使我们的灵魂成长。我们必须经历生活的伤痛，才能步入最高的境界。就像一颗珍珠的形成，沙粒不断侵入贝壳，同样地，我们也通过忍耐痛苦成长。我们经历的痛苦，经过宽恕的净化之后，给予我们智慧，并使我们成为美好的人。

如果我们不能从更宽广的视角来看待人类的经历和智慧，就自然会对上帝生气。当我们看到世界上各种的伤害和被伤害的人，看到被夺走了家园的人，就很容易对救世主感到生气。我想告诉你，这是正常的想法，用不着隐藏这种情感。你不必因此责备自己，不必假装你没有这种想法。实际上，承认你对上帝生气，是宽恕的第一步。

我曾幸运地参加过一次开创性的活动，看到了人们承认（这是最难的部分）、表达和释放他们对于上帝的怒火。几年前，我有幸和好朋友尼尔·唐纳·沃许（Neale Donald Walsh）主持一个3天的讨论会，尼尔是《与神对话》（*Conversations with God*）系列书籍的作者。尼尔喜欢说话，他主要负责演说，而我主要负责引导，我们配合得很好。我们租用了加州拉由拉市（La Jolla）中心的一个旧教堂。我们使用一个有效的方法：用音乐和声音向参与者传递强有力的信息。当音乐演奏时，参与者将无所束缚地自由参与活动。

在讨论会的第二个晚上，我决定引入一个"怒火过程"，重点在于释放人们对于上帝的愤怒。房间里有一百多人，我们给每个人足够的空间，并给了他们一个眼罩，这样他们就可以安全地进行练习，而不会被别人注视。在怒火过程中，我们放的音乐十分平和。有四个不同的阶段，我们把音量开得很大，帮助每个人调动起自己未经处理的怒火。

尼尔介绍了我们将进行的仪式，包括允许每个人对上帝生气。然后，我引导他们回忆他们过去希望得到上帝的帮助却没有成功的经历，回忆他们的祈祷没有得到回应的经历。我让他们释放出对自己生活深深的失望，找出他们产生愤怒和感到羞愧的原因。

当活动开始时，他们渐渐变得愤怒。我们开始演奏音乐，我对着话筒大声说话。人们开始做一些深呼吸。当他们用言语和喊叫来释放怒火，大声说出自己的愤怒时，音乐停了。

接下来的20多分钟里，这个小组所有人都在怒号、尖叫、哭喊，释放着他们对上帝的愤怒和不满，人们大声地嚎叫，没有人注意到音乐声已经停止。他们痛苦的哭喊和愤怒这么强烈，以致自己都听不到任何音乐。这么多年来，我一直开设类似的课程，从没有哪次像这次那样，人们如此强烈地把压抑的愤怒一下子释放出来。而在此之前，参与者们都没有意识到自己这些愤怒的存在。

承认我们的愤怒是很重要的一步。我们承认有时在需要帮助或绝望时，并没有感到上帝的存在。当我们处于可怕的境地，相信上帝会帮助我们渡过难关时，却只有孤立无援地承受。

几年前，我发现在一个项目中，有个人一直对我撒谎，最终使我浪费了数千元和大量时间。当时，我拼命地工作，目的是为了能使这个世界更美好。发生这件事后，我迁怒于上帝——怎么让这样的事情发生在我身上。我花了很多时间回忆和那个人相处的一幕幕,发现其中有很多不对劲的地方。很多人警告我,要我提防他,但我没有把那些警告当回事。我选择做自己想做的事情,听不进别人的劝告。我为此付出了惨重的代价。多年后我才愿意承认,当时我感到沮丧、被人出卖、背叛和抛弃,确实曾对上帝失去了信心,不再愿意依靠上帝的指引。不知不觉中,我失去了自己的信仰。

原谅上帝,我们必须首先承认自己感到生气。只有当发泄了愤怒,我们才会回过头来体会到,上帝确实曾在我们的生活中施展威力。当打开由愤怒筑起的硬壳,才能看到上帝一直以来告诉我们的真谛。那时我们不再通过自己渺小、狭隘和受伤的视角去观察世事,而是睁开了慧眼。

宽恕使我们明白到自己的痛苦和遇到的坏事是人生的必经之路,并非所有事情都需要上帝的帮助才得以救赎。只要我们找到勇气去面对苦难,并且接受,而不是按照自己的喜好进行筛选,我们就能掌控自己的生活。

## 生活实例

帕崔克曾被一个有毒瘾的女友拖累,虽然他发现事实后感到生气而震怒,但最后得知她的家人故意隐瞒她的恶习时,他把怒火全部发泄到她家人身上。当我带着帕崔克参与宽恕的过程,引导他慢慢熄灭怒气时,意外发现其实他最深层的愤怒是针对上帝的。

这时帕崔克才清醒地意识到,为什么他多年来试图原谅她的家人,却始终做不到。这是因为他责怪的对象不是他们。他早已理解了他们不让家丑外扬的苦衷。最后，他发现自己其实是对上帝生气，气上帝不能帮自己免于遭受这样可怕的经历。在这个过程中，他意识到自己心里存在着纯真的一部分，这部分自我天真地认为如果他爱上帝，上帝也应该爱他，并保护他免受任何灾害。我支持他，让他的愤怒在没有任何非难和审判的情况下发泄出来。接着他承认自己感到上帝一直在劝告他，比如他会突然地不安或胃痛——上帝以此希望引起他的注意。回顾以前，他发现自己忽视了这些迹象和警告。一旦他理解了这些，内心就成长了，也就能原谅上帝、家人和自己了。

当你宽恕了上帝时，就能脱离凡人的视角来观察世事，并理解在你身上发生的一切，是为了使你成为更伟大、高尚的自己。与上帝站在一起，你可以感到自己也是生活的创造者，并让其他人一起分享你生活中美好的东西。你又回归到自然的纯真状态了。

### 宽恕自己，愈合伤痛

自我宽恕意味着原谅我们所有的过错和遗憾，不再为此自责。孩提时期，大多数人都有被冤枉的经历，然后，我们认为真的是自己的错。我们是无辜的"受害者"，一直责怪自己，因此同时也是"加害者"。我们混淆了"自己的错"和"他们的错"，从来也没有分清过事实。我们为没有做过的事情负起责任，又用这些事情一次次地惩罚自己。多少次我听到人们倾诉，他们为许多年前发生的，不属于自己的错误责怪自己。我们受到别人的调戏、抛弃、欺骗和背叛，却把这一切罪责都加到自己身上。把参与的坏事全部归责于自己已经够糟糕了，更何况是替人受过。苏的事迹就是一个典型的例子。

### 生活实例

6年来，苏一天又一天受到丈夫精神上的折磨。她最后选择离开了他。在此后一年里，她还是不断受到精神上的煎熬。苦难使她开始祈祷救赎、宽恕，祈祷让她看清真相，放下心里的负罪感，继续新生活。6年的婚姻生活中，她有3年一直生活在威胁中，因为她遭受的不是身体上的伤害，所以她根本不知道自己受了那么多残忍的精神虐待。就这样她把离婚的责任都转嫁到自己身上，精神上继续遭受家庭破碎和离开丈夫的折磨。有一天，她去车上拿东西，打开车门时不小心被车窗玻璃顶端碰巧划破了一条血管，一会工夫就有一条6英寸长的淤青，让她看上去好像被人揍过一样。第二天，淤青蔓延到整个胳膊。直到她看到自己身上大面积的淤青，才意识到她前夫以前就是这样做的：他用嘲笑的口吻、轻蔑的话语歪曲事实，一遍遍鞭笞着她。而她的宽宏大量和事业上取得的成就更使前夫感到羞愧难当，进而不断对她冷嘲热讽，用威胁、支配和控制来折磨她。因为这些都是感情和精神上的虐待，单凭视觉是看不到的，她所有的伤痕都在内心。她浑身伤痕累累，却被很好地隐藏起来。就在那一瞬间，她从恍惚中觉醒了，她曾受人折磨，而今却为此而惩罚自己。

苏是众多遭受无形虐待的受害者中的一位，我们称之为在心理战（psychological warfare）上的受害者。即便她因受虐而离婚，但她纯真的天性、宽容的心却使她否认丈夫是罪魁祸首，并在心理上惩罚自己，确认自己才是做错事的那个人。苏需要自我宽恕：有这段可怕的经历，她应该及早听取他人的劝告从中脱身，不再用这段往事惩罚自己。自我宽恕是把内心打开的过程，我们吐露实情，带着怜悯和谦卑告诉他人和自己，对自己有意无意带来的伤害表示抱歉。

我们都曾做过伤害别人的事情，我们都曾辜负他人对我们的期望，在言语上中伤过其他人，涉足其他人的领地；我们偷过东西，撒过谎，骗过人，说过别人闲话，强人所难，隐瞒事实，羞辱与我们亲近的人；我们都曾信誓旦旦却没能守约，与配偶以外的人调情，在心里希望别人倒霉；我们曾对着孩子大吼大叫，伤害一些深爱我们的人。从某种程度上讲，我们都是有罪之人。虽然我们犯的错不像晚间新闻播报的那样耸人听闻，但我们仍需要了解仇恨自己是多么可怕的一件事情。如果不这样，我们将会承受自我惩罚的恶果。

宽恕意味着把心里用来惩罚自己的板子放下，也意味着我们也许曾在思想上依赖这些折磨内心的信息，但现在可以放下心理负担了：选择平静而不是心痛，选择心存感激而不是负罪感，选择关爱而不是战争。宽恕意味着原谅自己曾伤害别人的行为，曾对自己的身体或内心施暴的行为，原谅自己犯的错误。宽恕需要我们从内部开始修复，原谅自己所做的可怕的事情。

你可以告诉自己心里那个纯真的孩子，你对不起她，为自己做出的错误选择或判断而道歉。你为侵占他人的财物而抱歉，为骚扰他人而抱歉，寻求自我宽恕。有时你伤害了爱自己的人，有时你因为害怕而失去信念，有时你为了得到关爱和赞同出卖灵魂，当你承认了自己的错误时，就开始了宽恕自己的过程。

宽恕就是要治愈自己无法化解的羞耻感。你要和躲在暗处的、敏感的那个自己进行对话。这就是治疗的方法。当我们收回对付其他人的精力，而将其用于处理自己的内心世界，就能宽恕自己了。可以肯定地说，自我宽恕是给予自己关爱和同情的唯一途径。当我们放下曾经的后悔和怨恨，就可以像珠宝一样熠熠生辉：我们自己就是一颗宝石，上面的瑕疵体现出独一无二的美。

要在心里注入"自己就是珠宝"这个观念，如果每天你都把自己当作一颗无价之宝，还会想去做阴暗的事情吗？让我们来做一个小实验，先把自己当作重逾百万磅的黄金，再参与外界的是是非非，你将拥有与以往不同的感受。自我宽恕是有效的良药，可以治愈人心。

# 12

## 真爱的力量

*爱在黑暗处放出光芒，指引你走向光明——*
*在那里，一颗完整的心等待着你的回归。*

当我们消除了憎恨，爱便会充满内心。爱原本就是一种自然的存在。我们不需要刻意去制造爱，只需要清除那些妨碍人们得到爱的障碍。很多人费尽心思地想让自己显得伟大，但这却是莫大的讽刺，伟大来自隐藏在虚伪面具下那个真实的自己。人生来就是伟大的，不过我们也需要用行动来证明这一事实。如果我们宽恕受伤的自我，与不堪的往事握手言和，并且抚平那些留在身上的伤痕，我们将会与真实的自我亲密接触，将体验到人们对自己深切而无条件的爱——这种爱并不仅仅针对自己"善"的一面。当我们迈入宽容平静的世界，就会体验到完整自我的真爱：既爱自己不光彩、软弱的一面，也爱自信、坚强的一面。

如同在黑暗的房间内点亮一盏明灯，宽容将接纳和同情带入我们内心黑暗而偏僻的角落。我记得许多接受我治疗的人,当他们察觉到隐藏在面具下的伤痛时,他们会说:"喔,我爱那个受伤的自己!"但一般来说,我们会为此感到尴尬,甚至恐惧。人们往往痛恨自己虚伪的一面,并为此而深感羞愧。但我们的任务是从一个全新、积极的角度来审视自己的这一面,宽恕受伤的自我意识。正是那个由伤痛和绝望驱使的受伤的自我意识制造了一个虚伪的面具,并丢弃了内心的健康。

宽容使我们将受伤的自我意识看做一个受了惊吓、希望得到大人安慰的孩子。当我这么说时,其实我不喜欢使用这种陈词滥调,但的确是内心那个受伤的孩子需要我们的爱,需要我们真诚的欣赏和理解,需要我们保证当它从我们的面具下走出来时,它将与所有的缺点一并得到呵护和接纳。只有当我们宽恕自己时,才可能做出这样的保证。

为了接近并且回到真实的自我,我们必须将自己的生命转向一种比小我更强大的力量。我们必须将支配权交还宇宙,由此生命才可能回到最初的状态。人们会想当然地认为,个人只是世界的六十亿分之一,无足轻重。但是我们的行为很重要,言语很有意义,我们的思想不容忽视。每个人都是人类集体心灵的一份子。我们带着天赋被送到这个世上,当我们启用它时,它将造福于一个大我。

回到那个简单而无拘无束的自我的过程是神圣的,需要我们重新整合全部的自我:看得见的和看不见的,已经存在的与将来可能出现的。这需要我们放弃自己的尘世计划和自以为是的信仰,放弃我们的欲望,服从于一个更大的自我;这个自我的存在超越了个体,包容了集体的心灵和力量,代表人类的善。这也需要我们直面自己的羞耻、悲伤、遗憾和伤痛，承担起我们选择人生道路时应负的责任。这需要我们放弃一切借口和自我同情，放弃否认和戒备，做我们内心里渴望成为的人。我们要坚持基本的诚实，从心灵的角度审视自己的人生——借凌驾于小我之上的上帝的眼睛。我们要抚平自己内心的伤痛，放下那个曾为了保护自己而戴起的面具。为确保自己走在通向真爱、平安的路上，我们必须认清深藏于自己内心的一切，必须抛开那个妨碍我们认识真实人性和神之伟大的眼罩。

## 认识心中的上帝

大多数人已经学会膜拜上帝，却还没有真正地认识上帝。我们在周六或周日去膜拜上帝，就象是周末去探访祖母一样习惯。一些人去教堂前穿衣打扮一番，以便给上帝留个好印象，还有些人在自己家里膜拜上帝。但如果我们想体会精神上的和谐与超越，就必须了解在无神状态下的样子，否则我们就会继续在错误的地方寻找精神解脱。我们在自己有限的思维空间和自我意识中努力寻求平静感、成就感、爱情和共鸣，当得不到时就会深感失望。尽管上帝创造了思维，他却不存活于思维中。上帝不存活于"你"或"我"这些个人意识中，尽管这些个人意识中包含了上帝的存在。上帝存活于人类集体里，存活于这个浩瀚无垠的庞大世界中。上帝是一个不局限于特定名称和形式的存在，是每个人内心中的最真实、纯粹的物质。你可能会诵读全篇的经文并咏唱各种祷颂之歌，但如果你的心没有与集体相连，那么这些诵读和咏唱就没有内涵和意义。看起来像是上帝属民的人，如果他们的上帝只存在于脑中，而不是存在于心中，那么他们就可能做出不符合上帝精神的事情。

当我们认为自己是独立的个体，做事情没有任何约束时，我们就会做坏事。当我们脱离了神圣的内涵，忘记自己在这个世界里有更大的任务时，我们就会做坏事；当我们急于返回自己的精神家园，但是却放弃充实自己的机会时，也会做坏事。人们之所以做坏事是因为隔绝了自己，是因为不懂得更好的做法，是因为想用那些根本不可能实现的方法来满足自己过去未能被满足的欲望。唯一能满足那些未偿的愿望的方法就是成为一个完整的人，成就一个宏大神圣与不完美共存的自我。

无论承认与否，那些指引了你的行动的欲望来源于这样一个需要：探究你的人性和神性，成为一个无穷无尽的自我。那个驱使你做出欺骗暴力等恶行的需要只是一个陷阱，并且只有靠你自己才能避开这个陷阱。出口是存在的，你能找到它，然后走进这个出口，再用自己神圣的能量，将自己光明和黑暗的一面合二为一，获得真正的宁静。还有比现在更好的时刻吗？当你明白自己既是受害者也是加害者，既是猎人也是野兽，在你身上善良与邪恶并存的时候，你就会明白自己和他人都是上帝的体现。然后你可以停下来观察，而不会总是傲慢地说："我永远不会成为那样的人或做那样的事。"你可以选择倾听那句低沉的话语："我只因上帝的仁慈而往。"

我们生活在及时行乐的年代，不可能瞬间改变自己，而且我明白这个观点并不怎么受欢迎。我也许该尝试给你们介绍实现完美人生的三大步骤，但我做不到，因为那是谎言。只有努力才能实现完美人生，只有努力才能明白你的内心世界，明白是什么令你做出坏事或跟其他人一样走上邪路。只有时刻注意才能保证你获得一个有意义的人生，并在离开世界之前感到满足。弄明白自己的思想、语言和行为的意义和影响是需要勇气的。

让自己时刻警醒，保持诚实，防止邪恶和内心失衡信号的出现，都需要我们心甘情愿地努力去做。

## 向前看

只有认识到自己无力改变已发生的事情，我们才会向前看，并治愈内心的羞耻感。你的遗憾、黑暗的记忆和深深的愧疚扼杀了自己的灵魂。这是一种让羞愧和诽谤恶性循环的方式。现在我要你停止这种无意义的行为，你是唯一能停止这种错误的人。就算过去做过什么坏事，只要你愿意为自己的行为负责，从错误中学习并寻求改善的良方，就可以得救。在此之前，你必须摆脱做错事的罪恶感。

不要沉溺于过去发生的事情，你应该清醒过来，丢开自卑的羞耻感，不再试图抹去过往的错误，相反，你要有意识地面对（从错误中学习和承担相应的责任），并向前走，明白自己的责任和权利。

如果打破自我保护和否认的"墙"，打破虚假的自我，并坦承自己的阴暗面，我们就可以不再自我虐待，请不要忘记，所有的自我否定都是一种虐待，是对人类灵魂的一种虐待。从过去中解脱出来，你可以站得更高，为自己感到自豪，为自己的身体、思想、性别等感到骄傲。

虽然我们无法掌控别人的行为，但是却可以收回属于自己的力量；虽然我们改变不了已经发生了的事情，但仍然可以集中精力进行自我修复，平静地对待过去，并且向前看。

你应该更多地关心自己的行为，无论你阅读本书的初衷，是为了孩子、配偶还是朋友。一个好人确实应该照顾别人，但同时也要照顾好自己。我们必须停止否认自己，开始关心自己，看看自己是如何参与到伤害自己的罪行中去的。

如果你阅读本书是为了知道问题的所在，并有决心解决过往错误的观念。那么从今天开始，你将意识到自己拥有的选择和行动的权利。每天起床后，你都有决定自己生活的选择权；每天照镜子的时候，躲进羞耻感之前，你都可以找到应该对自己说的话。在那个受伤的声音响起之前，在那个声音告诉你消极的信息之前，你可以阻止它。做个深呼吸，然后对虚假的自我说："我听到你的信息了，但你只是受伤的自我，是健全自我的一部分。你阻止了灵魂的进化。现在我要给你一点爱，因为你显然缺乏爱和关注，不然你不会这样做。"你可以认识到人就像一台组织良好的机器，可以进行深度修理，坚定的生活和自我尊重都可以帮助我们进行"修理"。如果你的行为不当，或不能抑制地去伤害自己或他人，就有权利获得帮助。现在开始从否认中走出来吧，让身边的人知道你需要帮助，也认清自己需要的帮助，这是你最后的机会。

在全球范围内进行阴影工程（Shadow Process）10年后，

辅导了数万人后，我熟知每一种借口，每一种合理而辩证的让你保持不良行为的借口。停止吧，不要再有借口了。从现在开始，你要真实地表达自己。

虚假自我的一个谎言就是：你无法摆脱羞耻感，对自己的情绪无能为力。但是事实并非如此，你并非无能为力，你可以友善地对待内心，平静地看待以往的问题。你也许曾经对自我沉溺和困扰感到无能为力，但你有足够的力量去寻求帮助。

坚定的生活将成为你的动力，所有这些行动都是你潜在力量的表现。你做出的选择是在向受伤的自我意识表明，你还是有希望的，并且有力量去改变人生的。你必须直面内心的谎言，这样才能回到正确的位置上。你不能像一个无助的人一样把自己的生活交给脆弱的孩子掌管。如果你不能把握自己的选择，谁还能帮助你呢？你的未来又能交给谁？

我一直困惑于人们找种种借口，而不去解决生活中的阴影。这难道很难吗？站起来面对每天都在伤害自己信念真的很难么？也许，我们总是以为自己没有能力去满足自己内心的需求。

成长过程中，我听着"猎狗"（Greyhound）装甲汽车公司一次次地喊出"我们为您驾驶"的广告词，这是个很不错的广告，但现在谁还愿意坐长途汽车？除非你是毫无计划地去一个中部小镇，不然的话，谁不想拥有自己的座驾呢？拥有自己的座驾也就代表自我掌控，在每一天结束的时候，你只需要对自己负责。如果让别人来为你驾驶（就好像别人掌控了你的内心），你或许会想开始另一个新的旅程。

如果不确信自己是否想改变，你只要这样想：每一天、每个星期、每个月和每一年中都可能会发生无数事故，坏事会给你带来伤痛，并毁了你的生活。你真的希望让过去的事情毁了你现在和将来的生活？你真的希望自己的将来由羞愧来控制？痛苦会给你带来一个更美好、更值得拥有的生活吗？

我听过很多托辞："我尝试了；我做不到；我真没用；这不是我的问题；问题在于我的丈夫、妻子、母亲、上司、同事、兄弟、儿子……是他们对我这样做的。"诚然，某种程度上说这也许是事实。但你是事情的主角，你是那个一直对自己的行为感到羞耻的人，是那个如果忘记过去的羞愧，就会获得快乐、平静和自由的人。只有你能停止自己的负面想法。

唯一的答案就是爱。爱你曾经憎恶的事物，你曾做错的事情。像爱光明一样去爱黑暗。爱生活中所有复杂的经历，并认识到你和我有一个共同目的：就是解救我们的灵魂，治愈自己，并且重新学会真实地表达自己，融入与别人心连心的情感中去。

### 纯粹的完美

我们都不是完美的，都会说一些违背本意的话，沉溺于某些事而欲罢不能。其实，大多数人都清楚自己做过愚蠢的事情和糟糕的选择，也对此感到后悔。但是，为保证自己不会重复过去的错误，我们必须找到坏事情带来的礼物：我们的每一次经历，每一次的伤痛和挣扎，都在试图教会我们一些道理，帮助我们拥有最真实的本质，成为最好的自己。

认识这一真理，你将会拥有前行的智慧。

刚出生的时候我们的灵魂洁白无瑕，但是在红尘中生活一段时间后，我们的心灵开始分裂，渐渐迷失了本性，看不清真实的自我，以致忽略了急需开发的自身的金矿。现在你是否意识到好的自我需要你的关注，而受伤的自我更加想得到你的爱？你是否明白过往的痛苦经历，能引导你走上自尊自强的美好生活？我想告诉你，正是你的这些弱点和缺陷能够帮助你实现自己的理想。

正是我的缺点以及沉溺上瘾的恶习，将我推至低谷后，我才学会面对现实；正是傲慢使我相信自己比大多数人都知道得更多；正是无知使我多年来坚持每夜勤奋学习；我害怕被称为懒人，这给我带来干劲；正是自负让我每天早上穿衣、打扮自己，外出工作直至身心俱疲；我害怕被称为不称职的妈妈，所以每天开车送儿子去学校（即使当我很累，而他也能乘搭校巴时）；正是我对工作成绩的贪心，使我在其他人下班后，仍在工作；正是因为我懂得否认别人对我的负面评价，我才得以站在一群又一群人面前，与他们分享我的见解——愈合每个人内心光明和阴暗面的裂痕的方法。正是在我悲观的天性内孕育出了一种乐观上进的个性，使我从未放弃努力，从未放弃希望。

我内心的匮乏感使我每天早晨睁开眼睛后，就会问自己怎样做才能使自己的世界变得更好。我努力施展自己全部才华的意愿和动力，来自我对死亡的害怕、对默默无闻的恐惧，同时，也是因为我希望自己不只是一个来自佛罗里达中产阶级的平凡的犹太姑娘。

所以，我希望你放下在生活中累积的成见，放下你用于战斗的拳击手套，向爱投降。爱一直在你的内心。当爱在你的身边传播开去时，它能够治愈你最大的悲痛，拭去你的悔恨；爱能使你的灵魂平静，呵护你受伤的心。爱在黑暗处放出光芒，指引你走向光明——在那里，一颗完整的心等待着你的回归。

## 鸣　谢

致我的编辑吉迪恩·韦尔（Gideon Weil），如果没有你的真知灼见和帮助，不可能有这本书。还有致丹妮尔·多尔曼（Danielle Dorman）、黛博拉·埃文斯（Debra Evans）和弗兰基·梅森（Frankie Mazon），你们都为此书作了很大的贡献，没有你们的帮助就不会有这本书的问世。

请访问 www.DebbieFord.com/acknowlegments，了解更多内容。

## 关于作者

黛比·福特（Debbie Ford），美国著名的阴影工作坊（Shadow Process Workshop）创始人，运用现代心理学研究和整合心理阴影和精神实践的先锋力量，备受追捧的演讲家和心灵导师。黛比最近在美国ABC电视频道做了一个专题节目，她还担任广播节目的主持人。

黛比热衷于教育事业，她和同事成立了全球心灵综合训练营（The Global Heart of Integrative Coaching），这是一个非营利组织，旨在给全世界各地社区的人们带来改变生活的技巧。访问www.theglobalheart.org可了解更多详情。

欲了解更多有关黛比的改变生活的书、视频材料，工作坊、训练和广播节目或要雇佣教练，请访问www.DebbieFord.com。为了终结妇女遭受虐待，黛比·福特将把《好人为什么想做坏事》的部分收益用于支持弱势妇女。

# 亚马逊电子畅销书 NO.1《纽约时报》商业类畅销书 NO.1
## 神奇五步骤公式　成功的人聚到你身边

★ 《秘密》制片人与你直接对话
★ 一生中最珍贵的礼物
★ 心灵励志类十大畅销书之一

一旦你掌握乔·瓦伊塔尔博士"引力要素"的奥秘，并将其创造的非凡的"五步骤公式"运用于你的生活，那么你将会在工作上无往不利，在情感上如鱼得水，迈向财富人生。

步骤1：**不要**。知道自己不想要什么是通向奇迹的跳板，当下的状态是可以改变的。
步骤2：**要**。知道自己要什么，不当欲望的俘虏，唯有如此才会自由。
步骤3：**理清**。看法决定一切，只要愿意改变看法，生活就会随之改变。
步骤4：**感觉**。这一刻可以创造下一刻，无论这个时刻做些什么，都会影响未来。
步骤5：**放手**。了解欲望与顺势而为、占有与放手之间的关系。

〔美〕乔·瓦伊塔尔　著
吴佳绮　译
重庆出版社
定　　价：29.80元

---

## 揭秘美国 FBI 培训间谍的识谎技巧

### 如果无法阻止别人说谎
### 　　那就学会永远不上当

**破谎宝典　还你天下无谎的世界**

这是一个充满谎言的世界。你要做的就是在5分钟内识破一切谎言！

在这本破谎宝典中，著名心理学家大卫·李柏曼教给你简单、快速的破谎技巧，使你能从日常闲聊到深度访谈等各种情境中，轻松地发现真相。

书中援引了几乎所有情境下的破谎实例，教你如何通过肢体语言、语言陈述、情绪状态和心理征兆等微妙的线索，嗅出谎言的气息，避开欺骗的陷阱，还自己一个"天下无谎"的世界。

〔美〕大卫·李柏曼　著
项慧龄　译
重庆出版社
定　　价：26.80元

## 短信查询正版图书及中奖办法

A．电话查询
    1．揭开防伪标签获取密码，用手机或座机拨打4006608315；
    2．听到语音提示后，输入标识物上的20位密码；
    3．语言提示：您所购买的产品是中资海派商务管理(深圳)有限公司出品的正版图书。

B．手机短信查询方法(移动收费0.2元/次，联通收费0.3元/次)
    1．揭开防伪标签，露出标签下20位密码，输入标识物上的20位密码，确认发送；
    2．发送至958879(8)08，得到版权信息。

C．互联网查询方法
    1．揭开防伪标签，露出标签下20位密码；
    2．登录www.Nb315.com；
    3．进入"查询服务""防伪标查询"；
    4．输入20位密码，得到版权信息。

中奖者请将20位密码以及中奖人姓名、身份证号码、电话、收件人地址和邮编E-mail至my007@126.com，或传真至0755-25970309。

一等奖：168.00元人民币(现金)；
二等奖：图书一册；
三等奖：本公司图书6折优惠邮购资格。
再次谢谢您惠顾本公司产品。本活动解释权归本公司所有。

## 读者服务信箱

**感谢的话**

谢谢您购买本书！顺便提醒您如何使用ihappy书系：
◆ 全书先看一遍，对全书的内容留下概念。
◆ 再看第二遍，用寻宝的方式，选择您关心的章节仔细地阅读，将"法宝"谨记于心。
◆ 将书中的方法与您现有的工作、生活作比较，再融合您的经验，理出您最适用的方法。
◆ 新方法的导入使用要有决心，事前做好计划及准备。
◆ 经常查阅本书，并与您的生活、工作相结合，自然有机会成为一个"成功者"。

| | 订阅人 | | 部 门 | | 单位名称 | |
|---|---|---|---|---|---|---|
| | 地 址 | | | | | |
| | 电 话 | | | | 传 真 | |
| | 电子邮箱 | | | 公司网址 | | 邮编 |
| 优惠订购 | 订购书目 | | | | | |
| | 付款方式 | 邮局汇款 | 中资海派商务管理(深圳)有限公司<br>中国深圳银湖路中国脑库A栋四楼 | | | 邮编：518029 |
| | | 银行电汇或转账 | 户 名：中资海派商务管理(深圳)有限公司<br>开户行：招行深圳科苑支行<br>账 号：81 5781 4257 1000 1<br>交行太平洋卡户名：桂林　　卡号：6014 2836 3110 4770 8 | | | |
| | 附注 | 1．请将订阅单连同汇款单影印件传真或邮寄，以凭办理。<br>2．订阅单请用正楷填写清楚，以便以最快方式送达。<br>3．咨询热线：0755-22274972　　传 真：0755-22274972<br>E-mail：szmiss@126.com | | | | |

→利用本订购单订购一律享受9折特价优惠。
→团购30本以上8.5折优惠。